# 稻姓名谁

DAOXING MINGSHUI

闵军　袁万茂　吉映◎著

CNS K 湖南科学技术出版社
·长沙·

**图书在版编目（CIP）数据**

稻姓名谁 / 闵军，袁万茂，吉映著. — 长沙 ：湖南科学技术出版社，2023.1

ISBN 978-7-5710-1716-3

Ⅰ. ①稻… Ⅱ. ①闵… ②袁… ③吉… Ⅲ. ①水稻—作物育种—普及读物 Ⅳ. ①S511.035.1-49

中国版本图书馆 CIP 数据核字(2022)第 152869 号

DAO XING MING SHEI

稻姓名谁

著　　者：闵　军　袁万茂　吉　映

出 版 人：潘晓山

责任编辑：王　斌

出版发行：湖南科学技术出版社

社　　址：长沙市芙蓉中路一段 416 号泊富国际金融中心

网　　址：http://www.hnstp.com

邮购联系：0731－84375808

湖南科学技术出版社天猫旗舰店网址：

http://hnkjcbs.tmall.com

印　　刷：长沙市宏发印刷有限公司

（印装质量问题请直接与本厂联系）

厂　　址：长沙市开福区捞刀河街道大星村 343 号

邮　　编：410153

版　　次：2023 年 1 月第 1 版

印　　次：2023 年 1 月第 1 次印刷

开　　本：710mm×1000mm　1/16

印　　张：7.125

彩　　插：61 页

字　　数：243 千字

书　　号：ISBN 978-7-5710-1716-3

定　　价：98.00 元

# 魅力稻种　名如其人

稻米是中国近70%人口的主粮。优质的稻米来源于优良的水稻品种，优良的水稻品种离不开有情怀的水稻育种家与种业企业家的不懈努力。

习近平总书记多次强调，中国人要把饭碗端在自己手里，而且要装自己的粮食。目前中国有近3000个水稻品种在生产中推广应用，为中国人把饭碗端在自己手里，饭碗里装自己的粮食奠定了坚实的基础。

在我国，对水稻品种的命名做出了相应规定，3 000个水稻品种，有3 000多个名字。细究每个水稻品种的名字，都闪烁着育种者的智慧和光芒：有的来源于企业文化，有的来源于科学家的生日，有的来源于科学家的工作地，有的选用育种家的姓名，有的选用幸运数字……这些名字或妙手偶得，或冥思苦想得来，在每个水稻品种的名字背后都有一段育种家或种业企业家的故事。

湖南省农业科学院水稻研究所研究员、省种子协会秘书长闵军，湖南科技报刊有限责任公司董事、副总经理，湖南科技报社副社长、主任编辑袁万茂两位同志，组织相关记者编辑，深入40家余家种子企业调研，采访近20位水稻育种家，取得丰硕的成果，了解了育种家背后一些不为人知的故事和他们引以为傲的成果，挖掘出水稻育种家与育种成果之间的联系与情愫。从2018年开始，湖南省农业科学院、湖南省种子协会与湖南科技报社（现湖南科技报刊有限责任公司）联合，将采访成果在种植大户微信公众号上以“稻姓名谁”专栏的形式推出。专栏以水稻品种名称为切入口，介绍水稻品种名称背后的故事。专栏推出后，受到水稻育种家、种业企业家、农业管理工作者、种子管理工作者和广大农民朋友的广泛欢迎和一致好评。

本书节选了“稻姓名谁”专栏部分内容为第一章，主要介绍水稻育种科学家选育品种的故事和水稻品种名字的由来。在此基础上，本书增加了一些章节：“稻道湘通”一章主要介绍部分企业不一样的试验策略与方法；“知稻多少”一章主要介绍部分水稻科普知识；“魅力稻企”一章主要介绍湖南省种子协会水稻成员企业的情况；“稻名文件”一章介绍了品种命名的两个文件。

本书可以让大家更加深入地了解水稻育种家选育品种的过程和命名的心路历程，了解水稻品种名称背后的故事，从而走近水稻育种科学家了解水稻品种。

本书是一本水稻科普读物，读者通过本书，可以了解水稻的基本知识，了解杂交水稻育种的基本常识，了解湖南省水稻种子企业的发展现状。

在本书第一章里，由于种种原因，有些知名育种家的故事未能入选，我们对此深感遗憾！因水平有限，本书错漏之处在所难免，还望广大读者不吝赐教！

# 目　录

## 一、稻如其人

## 二、稻道湘通



## 三、知稻多少

## 四、魅力稻企

## 五、稻名文件

# 一、稻如其人

## “270 个孩子的爹”
### ——记杂交水稻育种专家杨远柱

杨广　袁万茂

1978 年，中国改革开放元年。

不满 16 岁的杨远柱，通过 8 个月的努力，在“文革”后恢复的首次高考中，以优异成绩考入了湖南农学院农学专业。

20 世纪六七十年代，农业生产落后，自然灾害频繁，水稻产量很低，饿肚子的现象普遍存在，“吃饱饭”成为大多数人的奢望。走上学农这条道路之后，“让父老乡亲吃上饱饭”的梦想在杨远柱心中扎下了根。

而今，40 年韶华岁月，杨远柱为自己的初心交上了一份份满意的答卷：2009 年，“株 1S 选育与应用”获得湖南省科技进步一等奖；2019 年，“湘陵 628S 选育与应用”获得湖南省科技进步一等奖。截至 2019 年，杨远柱团队一共选育了 270 个 361 次水稻品种通过省级以上审定，其中国审 109 个 139 次，累计推广面积 5 亿亩，增产稻谷 150 亿千克，增收 200 亿元。“它们就像我的孩子。”谈起这 270 个品种，杨远柱的疼爱之情溢于言表。

### “第一个下海的研究员”和“株 1S”

凭借大学期间的突出表现，还没毕业，杨远柱便被实习单位湖南省怀化市农科所提走了档案，开启了育种生涯。20 世纪 80 年代，他在怀化市农科所从事常规早稻研究，培育的湘早籼 7 号、湘早籼 13 号成为 20 世纪 90 年代长江流域早稻主栽品种，累计推广面积过亿亩，分别获国家科技进步三等奖（排名第二）和湖南省科技进步二等奖（排名第一）。为了能从事杂交水稻育种，杨远柱毅然放弃了在怀化已经小有成绩的常规稻育种，调入株洲市农科所从事杂交水稻研究。

20 年前，杨远柱已经担任株洲市农科所常务副所长，享受国务院政府特殊津贴待遇，是湖南省基层科研单位最年轻的研究员，株洲市科协副主席、市人大农委委员，国家级有突出贡献的中青年专家、全国五一劳动奖章获得者，湖南省十大杰出青年，湖南省优秀共产党员等。

在科研育种方面，杨远柱团队已经培育出了株 1S 和陆 18S 两个不育系。“株”代表他的第二故乡“株洲”，“1”代表他选育的第一个不育系。株 1S 是国内育性转换起点温度最低、育性最稳定、配制早稻组合最多的两用核不育系，育成了 78 个品种，占长江中下游两系杂交早稻品种的 70%。该不育系及其衍生系共育成湘陵 628S 等 16 个衍生早籼两用核不育系，育成国审早稻品种 26 个，省审早稻品种 96 个，分别占国审和省审两系早稻品种的 78.8% 和 72.7%。尤其是优质抗稻瘟病早稻株两优 02，2006～2011 年连续 6 年，种植面积一直居全国两系早杂品种第一位，累计推广面积超过 2 000 万亩。

陆 18S 是杨远柱团队培育的第二个不育系。该不育系原名 618S，新的品种命名办法规定，给品种命名不得单独用阿拉伯数字，在 618S 的技术鉴定会上，担任技术鉴定委员会主任的袁隆平院士亲自将该不育系定名为陆 18S。

满满的成绩与荣誉并没有让杨远柱停下前行的脚步。1999 年，杨远柱从株洲市农科所副所长的位置上“主动下岗”，加入湖南亚华种业股份有限公司，成为“第一个下海的研究员”，开始了他的商业化育种之路。

杨远柱和助手在田间选种

# “商业化育种体系建设的先锋”和“湘陵 628S”

2000 年，《中华人民共和国种子法》出台，这标志着中国种业从此开始走向市场化。

此时，杨远柱加入亚华种业不到 1 年，在感受到转型压力的同时，他也更加清晰地意识到，要想让科研与市场密切对接，就必须彻底对僵化的科研体系进行改革，规划和筹建商业化育种体系。

真正的罗马绝不是一天建成的。关于怎样提高育种创新效率？敢为人先的杨远柱早在株洲市农科所就开始了探索和尝试。他到株洲市农科所之前，该所的科研模式和其他科研院所并无二致，也是多个课题组并存，课题组之间的研究内容高度同质化。杨远柱主持科研工作之后，将多个课题的科研资源整合成一个 8 人的大课题组，这个课题组围绕一个目标，集中资源，分工合作，科研效率显著提高，科研进展明显加快，科研成就斐然。株洲市农科所的实践，为杨远柱建立商业化育种体系打下了基础。

进入亚华种业后，杨远柱一直主持亚华种业科学院的水稻商业化育种，到 2007 年初，短短 8 年就审定品种 56 个。2007 年，亚华种业科学院被隆平高科收购，有了雄厚的经济实力支撑，杨远柱的创新就更加大胆了。

他将研发流程分解为生物技术、传统育种和中试评价三大部分。在实现信息与资源高度共享的前提下，又把每个部分细分成不同的研发单元。每个单元只专业负责一个育种环节的研发，不同单元的研究内容均不重复，尽量让科研人员把专业的研究做到极致。这样的科研不再是育种家带领几名技术员的“小作坊”，而是变成了“工厂化流程化”的高效育种体系。

湘陵 628S 正是在这样一个高效的育种体系中诞生。早稻灌浆成熟期正值长江流域盛夏火南风季节，温度高，昼夜温差小，强对流天气频繁，导致早稻米品质普遍较差，易发生倒伏。杨远柱利用矮秆突变新资源 SV14S 作母本，与带有粳型 $Wx^b$ 等优质品质基因的抗稻瘟病父本“ZR02”杂交，经“自然低温环境和人工低温环境双重压力胁迫选择法”对育性进行加压选择，结合矮秆抗倒、品质改良等重要农艺性状的定向培育，育成矮秆抗倒优质水稻两用核不育系湘陵 628S，2008 年通过湖南省审定。

之所以取名为“湘陵”，有两个原因：一是杨远柱出生于湖南沅陵，他难忘家乡山水养育情，感恩家乡的父老乡亲；二是杨远柱的南繁科研基地位于海南省陵水县，是陵水的优越气候条件加速该不育系的选育。“2008 年 6 月，袁隆平院士亲临亚华种业科学院暮云基地考察湘陵 628S 时，还特地问我是不是沅陵人呢。”杨远柱笑言。

湘陵 628S 含有 64.3%的株 1S 遗传背景，植株矮壮、抗倒力强，适合母本直播等轻简化制种，导入了 $Wx^b$ 等粳型优质米质基因，米质优良，整精米率均高达 67%，直链淀粉含量 12.8%，属软米类型，米饭柔软，食味佳。2008 年以来，多家育种单位利用湘陵 628S 作为骨干亲本，已培育出两用核不育系 13 个，选配出杂交水稻新品种 40 个通过省级以上审定，其中国审 11 个（截至 2018 年底），并大面积推广应用。

## 从“杨早稻”到“中稻杨”

2013 年，隆平高科斥资 1 亿元，注册成立了湖南隆平高科种业科学研究院有限公司，杨远柱出任董事长。

站在新的起点，开启新的征程，杨远柱大刀阔斧整合科研资源，精心打造技术创新平台，彻底抛弃“家庭作坊式”小课题研究模式，建立“工厂化、分段式”育种模式，真正实现“标准化、程序化、信息化、规模化”育种，杜绝了团队的重复研究，避免了人力、财力、资源的浪费，极大地提高持续产出能力和培育突破性品种的概率。

“育种目标应该具有前瞻性，必须研发出符合未来市场需求的新品种，企业才有竞争力。”杨远柱始终认为，研发的目的在于推广，而不只是选育品种。

尽管团队的两系早杂育种水平已经稳居国内领先地位，杨远柱也是闻名遐迩的“杨早稻”，但名声并未成为杨远柱创新的桎梏。杨远柱早在 2007 年就提出，在确保早稻育种优势的同时，主攻杂交中稻育种。因为，南方稻区中稻种植面积 1.2 亿亩，中稻品种对企业盈利贡献大，他敏锐地意识到转型是必然的选择。

2011 年，已经进入隆平高科高管层，还没有选育出一个中稻品种的杨远柱，与公司签下了责任状：5 年审定 10 个中稻品种。

搞了大半辈子早稻育种的杨远柱，又站在了中稻育种的起跑线上。经过多年攻关，杨远柱团队终于选育出了以隆两优和晶两优系列中稻品种为代表的隆科 638S 和晶 4155S。

隆科 638S 是隆平高科种业科学院成立以后育成的第一个优质高配合力中稻不育系，故取“隆科”二字，同时也寄托了杨远柱发展杂交水稻，造福亿万农民的美好情怀。而晶 4155S 是杨远柱育成的第二个优质高配合力中稻不育系，该不育系因“米粒特别晶莹透明，米饭十分柔软可口”而得名。2015～2018 年，杨远柱团队培育出绿色优质高产隆两优、晶两优系列中稻品种 46 个通过国审，其中原农业部认定的广适型超级稻有隆两优华占、晶两优华占、隆两优 1988、隆两优 1308、隆两优 1377、隆两优 1212、晶两优 1212 等 7 个，达到国（部）颁二等以上优质稻品种 19 个，稻瘟病中抗以上的品种 22 个。

2017 年度，隆平高科水稻种子销售收入近 20 亿元，占到全国杂交水稻市值的三分之一。“隆平高科”连续 3 年的销售收入平均增长率超过了 15%。2017～2018 两个销售年度中，国审隆两优和晶两优系列品种种子销售数量突破了3 580万千克，年推广面积超过3 500万亩，年增产稻谷 12 亿千克……特别是隆两优华占、晶两优华占、晶两优 534 等品种年推广面积均超过 300 万亩，适宜种植范围覆盖了整个南方籼稻区，迅速成为我国中稻主栽品种。

## 技术创新永远在路上

270 个“孩子”给杨远柱带来了无数荣耀。针对这些品种的研究，杨远柱在国家级学术刊物发表专业学术论文 100 余篇，其中 SCI 收录 10 余篇。

最近，从刚刚结束的湖南省第十二次优质稻评比会传来喜讯，杨远柱培育的“悦两优 2646”被评为一等优质稻品种，实现了湖南省一等优质杂交稻零突破。

悦两优 2646 系用自育两系不育系“华悦 468S”与自育恢复系“华恢 2646”杂交配组而成。华悦 468S 是杨远柱育成的第一个高档优质不育系，原名 4663－468S。在其所配中稻组合抽穗的时候，助手符辰建、张选文请他去看，杨远柱看着助手们在这些组合的试验田边露出灿烂的笑容，憧憬着中华大地农民兄弟的丰收喜悦，他灵机一动，给这个不育系取名为“华悦 468S”。

悦两优 2646 的父母本均携带有稻米品质软米基因 $Wx^b$。2018 年，隆平高科绿色通道长江中下游中籼迟熟组区试，初试平均亩产 641.61 千克，比丰两优四号 CK 增产 0.17%，增产点比例 57.1%。全生育期 134.0 天，比 CK 迟熟 3.5 天。每亩有效穗数 17.2 万，株高 124.1 厘米，穗长 25.0 厘米，每穗总粒数 183.5 粒，结实率 85.5%，千粒重 24.2 克。稻瘟病综合指数 3.1，穗瘟损失率最高级 3 级。2020 年有望通过审定。悦两优 2646 兼具高产与优质性状，首次破解了杂交水稻高档优质与高产的矛盾，对推进“湘米工程”、重振湘米雄风意义重大。

博大精深的水稻育种充满着挑战性，是一项辛苦并快乐的工作。但在杨远柱眼里，水稻育种是有情调的，可以欣赏“风吹稻花香两岸”的风光，感受“喜看稻菽千重浪”的喜悦。

成绩和荣誉仅代表过去，技术创新之路永无止境。我国农业生产正由总量扩张向质量提升转型升级，水稻种子需求数量将趋于稳定，预计未来杂交水稻年用种量 2 亿千克。市场和产业对稻米品质的要求越来越高，杂交水稻已经进入优质稻时代。以市场和产业为导向的技术创新是育种的灵魂，杨远柱又对团队明确了新时期的科研主攻方向：在强化高档优质、耐逆境、养分高效利用、适宜机械化、轻简化生产等性状改良的前提下，稳步提高水稻单产，以确保绿色优质稻米的有效供给和国家口粮的绝对安全。

全国劳动模范、杂交水稻育种专家杨远柱研究员

**杨远柱简介：**男，研究员，1962年9月出生，1981年7月毕业于湖南农学院（湖南农业大学）农学专业。现任袁隆平农业高科技股份有限公司副总裁，水稻首席专家，湖南隆平高科种业科学研究院（湖南亚华种业科学院）院长，水稻国家工程实验室副主任，原农业部企业重点实验室主任。是中央组织部重点联系专家，国家农作物品种审定委员会委员，国家农作物种质资源委员会委员，湖南省院士专家咨询委员会委员，湖南省农学会、湖南省作物学会、湖南省植物学会副理事长，湖南省稻米协会副会长，中国农学会常务理事，中国作物学会理事。湖南大学、湖南师范大学、湖南农业大学、湖南人文科技学院、华中农大硕士研究生导师。杨远柱多次获省部级科技进步奖，还获国务院颁发的政府特殊津贴、国家级中青年有突出贡献科技专家、全国五一劳动奖章、全国劳动模范、全国优秀科技工作者，以及大北农农业科技奖、袁隆平农业科技奖、中国河姆渡稻作科技奖、全球水稻年度育种之星、中国种业十大杰出人物、湖南省新世纪121人才工程第一层次专家等荣誉。

# 探寻节水抗旱稻抗旱密码的人

## ——记上海市农业生物基因中心首席科学家罗利军

袁万茂　龚丽英　赵洪阳

20年时间，他潜心探寻节水抗旱稻的抗旱基因密码；20年时间，他将节水抗旱稻做成行业标准；20年时间，他选育了以旱优73为代表的一系列节水抗旱稻品种，并推向市场。他就是上海市农业生物基因中心首席科学家罗利军研究员。

## 苦苦探寻节水抗旱稻抗旱密码

罗利军与节水抗旱稻结缘，起于两段经历。

1988年，罗利军前往广西老山考察品种资源，看到了农民种在山上的旱稻。每年开春，农民在山上放一把火，在灰烬中将稻种撒下去，种子就随清明时节的雨水发芽成长。此后一直“放养”，不施肥、不打农药，也不用浇水，直到11月份再上山收割。这在罗利军脑海中留下深刻印象。

1998年，罗利军在位于菲律宾的国际水稻所查资料，一组数据引起了他的关注：中国的农业生产耗水量约占全国总耗水量的70%，水稻生产又占了农业生产耗水量的70%。“这意味着，仅生产水稻，就消耗了一半的淡水资源。”罗利军受到深深地震撼，开始着手利用现代生物技术开展水稻的节水抗旱性研究。

2001年，罗利军从中国水稻研究所来到新创办的上海市农业生物基因中心担任主任。该中心的职责是收集与保护农作物基因资源。如何充分利用好种质资源库的资源？罗利军联想到自己开展过的水稻节水抗旱研究，能不能将资源库里的旱稻资源唤醒，将旱稻抗旱性强、不用漫灌方式种植、打农药少、施化肥少的特性导入水稻，培育出既高产又能节水抗旱抗病虫害的新型稻种？

想到就去做。但节水抗旱稻研究，是一个全新的领域，如何破解节水抗旱稻的抗旱基因密码，成为摆在罗利军和他的团队面前的一个重大课题，罗利军和他的科研团队一头扎进节水抗旱稻研究领域，20 年坚持不懈。记者在上海市农业生物基因中心官网上看到，该中心承担的 164 个项目中，一半以上与节水抗旱稻相关。

2016 年 7 月 25 日，《自然》（*Nature*）杂志出版集团旗下的子刊 *Scientific Reports* 在线发表了罗利军团队发现的一个新的抗旱基因 OSAHL1。研究发现，该基因在水稻上超表达可以同时改善避旱性和耐旱性，即将两种重要的抗旱机制整合起来。基因中心研究团队对 OSAHL1 基因的新发现，意味着罗利军团队在寻找“旱稻密码 ”的漫漫征途中再下一城。

2018 年 12 月 22 日，Cell Press 旗下植物领域国际权威学术期刊 Molecular Plant（影响因子 10.812）在线发表了罗利军团队在抗旱性进化方面的研究进展。该论文首次论述了抗旱性－产量的“双向选择”模式对陆稻适应旱作生境中所起的作用，并指出在这种选择模式下陆稻保留了大量与抗旱相关的遗传变异与抗旱性－高产重组基因型。该研究从分子进化角度阐明了节水抗旱稻采用水、陆稻杂交及山地抗旱筛选和水田产量筛选的交替育种体系的理论基础。

罗利军团队利用陆稻与水稻杂交，成功选育了一系列既抗旱又高产优质的节水抗旱稻品种。论文一是揭示水陆稻存在显著的遗传分化，而这种遗传分化主要是抗旱性的分化；二是发现栽培稻的抗旱性与产量之间存在广泛的 tradeoff，即陆稻抗旱性强但产量性状往往较差，两者呈负相关，其原因是由抗旱基因的“一因多效”或产量基因与抗旱基因连锁、且作用相反；三是发现在水稻、陆稻适应性分化的区域，水稻中呈现定向（以产量为主）选择而在陆稻中呈现双向（兼顾抗旱和产量）选择；四是发现在抗旱基因与产量基因连锁区域会出现一些陆稻特有的、稀有重组类型。这种特有的重组类型使植株兼具高产与抗旱性。该研究丰富了水、陆稻遗传分化的理论，在应用上对于节水抗旱品种的选育具有重要的指导作用。

在探寻节水抗旱稻抗旱基因密码的征途上，罗利军和他的团队在不断前进。罗利军曾告诉他的团队：“你们中不少人是我的学生。我不知道我有生之年能不能找到‘旱稻密码’，我希望你们接着找。你们找不到，你们的学生继续找。我们要拿出愚公移山的精神，这是中国知识分子的担当、情怀和血性。”

节水抗旱稻与普通水稻田间抗旱对比试验

## 为节水抗旱稻确立行业标准

节水抗旱稻是一个全新的领域，罗利军一直在思考，一定要建立起节水抗旱稻的标准和规范。

在分析比较国内外各类抗旱鉴定设施优缺点的基础上，罗利军博采众长，在上海建立了国际一流的作物抗旱性研究专业设施及配套的科学评价方法——土壤水分梯度鉴定法，最大程度地去除了处理与对照间的环境差异，解决了过去抗旱性鉴定准确性不高的技术难题。

罗利军利用土壤水分梯度鉴定法筛选出一批来源于全球的节水抗旱种质资源，利用这些资源进行了系统的种质创新与品种选育。先后育成我国南方稻区第一个国家审定的旱稻品种中旱 3 号和全球首个三系不育系沪旱 1A，并成功实现三系配套。

2015 年 12 月 29 日，原农业部发布由上海市农业生物基因中心起草的《节水抗旱稻术语》和《节水抗旱稻抗旱性鉴定技术规范》。《节水抗旱稻术语》规定了节水抗旱稻名词术语和定义，适用于节水抗旱稻的教学、科研、生产、经营和管理等领域。《节水抗旱稻抗旱性鉴定技术规范》规定了节水抗旱稻抗性鉴定方法，适用于节水抗旱稻抗旱性鉴定。两个行业标准的发布和实施，使节水抗旱稻迈入标准化发展的轨道。

在以往的品种审定中，没有专门的节水抗旱稻区域试验。上海天谷生物科技股份有限公司副总经理张剑锋说："节水抗旱稻必须参与水稻的区域试验，放弃节水抗旱特性，与水稻比产量、比米质、比抗性。也就是说，节水抗旱稻要通过品种审定，就要在现行制度中与其他水稻在高产区试田中'PK'，即放弃优势，依然要'取胜'"。杂交节水抗旱稻沪优2号便是参加全国水稻区域试验能最终通过国家新品种审定的。

可喜的是，节水抗旱稻作为一种特殊类型的水稻品种2018年获得批准进行自主试验。2019年8月30日到9月1日，全国农技推广中心组织国家农作物品种审定委员会稻专委会委员在合肥考察节水抗旱稻品种区域试验。时任国家农作物品种审定委员会稻专委会主任、湖南省农业农村厅种植业管理处许靖波处长（现任湖南省农科院副院长）在考察时指出，开通国家节水抗旱稻自主试验来之不易，该试验是种子法修改后开设的多渠道试验之一，该组试验的开设能筛选出符合绿色、优质、高效和稳产的优良品种。全国农技推广中心刘信副主任指出，国家节水抗旱稻试验开创了区域试验的先河。这标志着节水抗旱稻通过国家审定有了科学依据和标准。

## 选育了一批节水抗旱稻品种并推向市场

罗利军长期从事水稻遗传资源的基础与应用研究。20世纪90年代，他就参与国家"超级稻"研发计划，选育出我国首个三系法亚种间杂交水稻协优413，被列入"七五"期间农业重大成果之一。

确立了节水抗旱稻研究方向后，罗利军带领团队义无反顾往前冲。最开始，节水抗旱稻的立项未获批准，罗利军团队下定决心，自费也要干。

正在这时候，美国洛克菲勒基金看中了罗利军节水抗旱稻选育思路并给予支持：一旦设想成为现实，对解决全球干旱地区的人们的饥饿问题具有巨大的作用。

2003年，罗利军团队选育出世界上第一份杂交旱稻不育系沪旱1A，表明中国在全球杂交旱稻的研究中率先取得突破性进展。2004年，世界首例杂交旱稻组合在上海诞生。

此后，罗利军团队申请到国家自然科学基金重点项目、上海市科委重大项目、国家“863”项目、原农业部“948”项目。这些项目的支持，推动了节水抗旱稻的基础理论发展，也推动了节水抗旱稻品种的选育。到目前为止，上海市农业生物基因中心已有旱优 73、沪优 2 号、旱优 113、旱优 3 号、旱优 8 号、沪旱 61、沪旱 19、WDR48 等一系列品种通过省级以上审定。在灌溉条件下，这些品种产量、米质与其他水稻持平，但可节水 50%以上；在“望天田”具有较好的抵抗干旱能力；栽培上，简单易行，投入低，节能低碳环保。

在资源节约型、环境友好型绿色生产模式下，节水抗旱稻的优势越来越明显，前景越来越广阔。现在越来越多的农户慕名而来，开始种植节水抗旱稻。

近几年，节水抗旱稻在玉米地和棉花地等传统旱作田块试种成功，为当地农户增收提供了一种新的生产模式，为“玉米改稻”“棉改稻”提供了科技支撑。以旱优 73 为例，采用旱直播和后期旱管，每亩可节省 2～3 个人工，可以减少灌溉用水次数和数量，人工和资源的投入可以减少 200～300 元。实实在在的收益，给农业农村和农民带来了希望。

目前，节水抗旱稻已经在安徽、湖北、湖南、江西、广西、福建等省区大面积推广，还走出国门，在印尼、老挝、越南、肯尼亚、赞比亚、尼日利亚、莫桑比克、南非等国家种植。

“我希望通过发展节水抗旱稻，改变水稻传统的种植方式，实现资源节约，环境友好为世界粮食安全、水资源安全、生态安全作出‘中国贡献’。”罗利军说。

上海市农业生物基因中心首席科学家罗利军

**罗利军简介：**上海市农业生物基因中心首席科学家，华中农业大学博士生导师。长期从事水稻遗传资源的基础与应用基础研究，研究领域涉及农业基因资源的收集与保护，水稻重要基因的发掘与功能等。近年来，致力于水稻节水抗旱的遗传基础与品种选育研究，提出了发展“节水抗旱稻”理念与培育策略，选育出沪优2号、旱优73等多个常规和杂交节水抗旱稻，在生产上大面积推广。在JXB、MP等刊物发表论文200余篇，主持获得国家技术发明二等奖1项，省级科技进步或技术发明一等奖4项。

# 十年精品战略铸就“野香优”

## ——记野香优及选育者罗敬昭

袁万茂　杨兴卡　邓晶

从业三十余载，为选育符合大众口感，适合在国内籼稻区推广，适于轻简化栽培的品种，广西绿海种业有限公司总经理罗敬昭常年沉醉于田间。感受过水稻同质化育种的困顿，经历了种企同质化经营的迷茫，十年求索，罗敬昭终于创造出“野香优”品牌与系列精品。

## 突破三系杂交稻育种魔咒

“‘高产不优质，优质不高产’是当时三系杂交稻育种的魔咒，我想要突破。”罗敬昭的目标相当明确。

他以品种优质化选育为突破口，不断收集优质种质资源，反复试验比对，测配筛选。2003 年，罗敬昭带领团队，用带有香味的巴西旱稻品种 6183（代号）与保持系优 IB 完成去雄杂交制种。几经努力，农艺性状稳定一致，且败育彻底的不育系育成。不育系稳定之后命啥名呢？罗敬昭想起了小时候最喜欢背诵的一首诗，“离离原上草，一岁一枯荣，野火烧不尽，春风吹又生”。“我的梦想是我选育的品种也具有野草这种百折不挠的特性，能适合各种环境，在全国各地遍地开花。”经过深思熟虑，罗敬昭将这个带有野生稻血缘，有香味，生命力强的亲本定名“野香 A”，并将对应保持系命名为“野香 B”。“野香优”品牌既体现有香味、生命力强的特性，也承载着他的梦想。

用其测配的组合一举突破了三系杂交稻“高产不优质，优质不高产”的难题，为香型优质杂交水稻组合的选育与大面积示范推广应用奠定了基础。

然而，野香优系列品种最初的推广并不顺利。究其原因，一是受当时追求水稻高产主流趋势影响，千粒重较小的野香优系列并无优势，且株高略高，并不是种植户青睐的主流品种类型，很多人并不看好野香优系列配组；二是野香优系列品种在当时的中稻区并不是主推品种，种植户按照长江中下游迟熟品种（大众品种）进行栽培管理，出现了分蘖力不足、株叶过长等问题，使得产量受到了一定程度的影响。

“发现问题就解决问题。”罗敬昭并没有因为遭遇困难而气馁，反而觉得未来的方向更加明确。为了克服株高带来的困扰，确保筛选出最适合生产应用的优良品种，罗敬昭密切关注野香优系列品种的株高，一旦发现株高略高时，他就会重点选择植株较矮的父本进行配组。在种植技术方面，罗敬昭花大力气推广配套良种良法，实地指导种植户插嫩秧、重底肥、早追肥、少施氮肥、中后期适当补充磷钾肥等，让农户掌握正确配套栽培技术，让种植户在不增加成本的情况下，达到抗倒、高产的目标，从而确保野香优系列品种的优异品质。

不经一番寒彻骨，怎得梅花扑鼻香？经历多年科研攻关，2011 年，野香优系列第一批品种正式通过广西审定，系列品种具有株叶形态好、抗性好、适应性强、出米率高、米质优、适宜轻简化栽培作再生稻产量高等特点。野香优系列品种一经推出便在全国掀起优质稻种植浪潮。

业内人士认为，野香优系列品种具有类似两系杂交稻的株叶形态，剑叶直立，分蘖力超强，有效穗多，结实率很高；具有三系杂交稻的稳定性，不会轻易受自然环境改变的影响，抗性好；适应性强、作再生稻产量高，优势强，出米率高；米质优，大米具有稻香味、晶莹剔透、垩白率低，米饭不粘不糯，特别好吃。

## 着力打造野香优品牌

打造品牌的重要前提是拥有好的品种。为此，罗敬昭不断推出野香优系列品种，并着力打造野香优精品工程。

截至 2018 年底，野香优推出一系列水稻品种通过广西审定，并在各地引种：野香优莉丝、野香优丝苗、野香优 9 号、野香优 688、野香优 703、野香优 2 号、野香优 2998、野香优 863、野香优 3 号。此外，海南审定了野香优2998，广东审定了野香优9号、野香优688，福建审定了野香优676、野香优航148。野香优系列品种通过审定的累计已达13个，正在审定中的品种也有十几个，未来审定品种数量还将不断增加。部分品种参加湖南、江西等省份审定试验，参加了广西联合体、长江上游和长江中下游国家联合体试验。目前，野香优已在海南、江西、福建、贵州、云南、四川、广东、湖南、安徽、湖北等省推广。

为把控好品种品质，在种子生产过程中，广西绿海种业有限公司从亲本繁育到制种实行全过程监控，包括发芽率、纯度、品种真实性等法定指标的检测做到最小批次。同时，做好田间防控和室内检验，杜绝不合格的种子流入市场。野香优系列品种都是根据不同的种性及区域生态条件和稻作地理环境来投放，切实按照品种特性、客观自然条件及栽培习惯，做到“安全用种”。

从育种到经营，罗敬昭深知“好酒不怕巷子深”的时代已经过去，再好的品种也必须注重品牌建设。罗敬昭将实施野香优品牌战略放在首要位置，并同步制定了翔实可行的品牌战略和实施行动方案。

“我们的最终目标是满足客户需求，全力全心为客户提供最优质的产品和服务。”罗敬昭说。为了能以最快的速度和最经济的方式，把“最优质”的产品和服务送到客户手中，公司对制种、包装、储存、保存、物流、运输、售后服务等各个环节进行全方位优化和创新，以此来缩短企业与客户之间的距离。

## 坚守赢得好成绩

时间推移，罗敬昭的执着让野香优系列品种局面一步步打开，取得了众多好成绩。

野香优莉丝先后获得了全国首届优质稻（籼稻）品种食味品质鉴评金奖，中国（汉中）首届优质籼稻新品种观摩展示暨优质米品评交易会“中国优质籼稻好品种”殊荣。野香优丝苗荣获成都市第四届“鱼凫杯”优质稻米品鉴活动金奖，中国（三亚）国际水稻论坛最受喜爱的十大优质稻米品种。野香优9号荣获广西十大优质稻。野香优明月丝苗、野香优520、野香优油丝荣获江西十大优质米。野香优669、野香优676荣获福建优质稻品鉴金奖……

荣誉证书

野香优海丝

荣获第三届全国优质稻品种食味品质鉴评（籼稻）金奖

全国优质稻品种食味品质鉴评委员会（代章）

二〇二〇年十二月二十日

荣誉证书

野香优莉丝

获首届全国优质稻（籼稻）品种食味品质鉴评金奖

全国优质稻品种食味品质鉴评委员会（代章）

二〇一八年五月三日

2018 年，中国国家博物馆举办“伟大的变革·庆祝改革开放 40 周年大型展览”，集中展示和体现 40 年来经济建设、政治建设、文化建设、社会建设、生态文明建设历史性成就与变革的实物和资料。“野香优莉丝”成为在农业板块的种业部分重点展示品种，国庆期间在国家博物馆展览，接受国家领导人和全国人民的检阅。

野香优不仅为公司争得了荣誉，也帮经销商和种植户产生了巨大效益。广东粤良种业有限公司 2017 年推广野香优几十万亩，2018 年销量更是激增。湖南粮安科技股份有限公司、江西天稻粮安股份有限公司、广东粤良种业有限公司等公司在湖南、江西、广东等地率先用野香优开展优质稻订单新模式。据不完全统计，目前全国年度推广面积已达 800 多万亩，并且每年销量都保持大幅增长，成为各大米商争相收购的品种。按目前年推广面积 800 万亩，平均每亩产量 550 千克，优质稻市场收购价 3.6 元/千克计算，年产值可达 158.4 亿元，社会经济效益十分显著。

回顾野香优十年历程，罗敬昭始终坚持“实施精品战略、实践诚信合作、实现安全用种、打造绿海品牌”的经营方针，以一名品种选育者与企业家的执着与创新精神，为种业发展贡献着力量。

**2018 年 9 月 30 日，罗敬昭在长沙双新展示基地考察野香优莉丝生长情况**

**罗敬昭简介：**男，1962 年出生，广西合浦人，毕业于浙江农业大学种子班，农艺师，原合浦县种子公司经理、种子管理站站长。广西绿海种业有限公司总经理，广西种子协会副会长。作为国内三系优质杂交水稻育种领军人物，从事杂交水稻科研、生产、管理 30 多年，参与选育不育系 5 个，优质强优势恢复系 32 个，已经获得知识产权保护亲本及组合 6 个，成功配组杂交水稻组合 19 个，玉米品种 7 个。

# 小粒稻　大可为

## ——记“卓 s”及其选育者唐文帮

余杏　闵军　毛水彩

做律师还是水稻育种者？

1998 年，刚从湖南农业大学毕业的唐文帮站在了人生的分岔路口。

法学，唐文帮的兴趣所在；遗传育种，唐文帮的情怀所在。大学四年，唐文帮沉醉于水稻遗传育种研究，并修得法学及农学两个学士学位。做了一番挣扎后，唐文帮最后选择将自己奉献给育种事业。

虽然唐文帮没有当成律师，但从法学专业淬炼出来的担当精神与严谨态度，被他完美地演绎到了水稻育种上。

## 劳动力短缺引发思考

1974 年，唐文帮出生于湖南省长沙县的一个小村庄，寒窗苦读十几载后，他跳出“农门”，成为一名农大学子。4 年后，唐文帮又挽起裤脚，来到田间“伺候”水稻。在田间这一站，就是 21 年。

37 岁时，唐文帮被评为湖南农业大学教授。“物资已足够丰富，家庭美满，工作顺意，我好像不用操心什么了。”唐文帮回忆说，但心里总有一股劲在奮动，希望能利用自己的所长为社会再干些事。

唐文帮拿出一张在海南省三亚拍摄的照片，凌晨，一辆大货车旁，几个 50 多岁的农民围在一起吃饭。“这些劳动力是从很远的地方请过来插秧的，海南根本找不到人。”唐文帮叹了一口气，每人每天 300～400 元工资，现在花钱还能请到人，以后有钱都请不到人了！

唐文帮在思考着：我国的杂交水稻制种技术领先国际，但随着时间的推移，劳动力不足、机械化程度低、种子售价贵、稻米品质不优已慢慢在阻止杂交水稻继续前行。该怎样解决这些问题呢?

## 机械化制种引领时代

众所周知，传统的杂交水稻制种一般是采取“定行定苗”的方式，即父本与母本成行相间排列，收获时，先人工收父本，然后再机收母本。这种传统方式机械化程度低、需人工量大，唐文帮决定从中找到突破口，于是，小粒种“卓 s”系列应运而生。



“卓 s”系列中的卓 s141 母本为“卓 201s”，父本为“r141”。最大的特点是：小粒种，大谷稻，即母本是“小个子”，父本是“大个子”，生产出来的稻谷是“大个子”。

**卓 201S 植株照片**

这种“大小搭配”的组合好处就是，在制种过程中，父本和母本可同时混播混收，全程采用机械化。收获后，用机械进行筛选，大的父本留在上面，小的杂交水稻种子则全部聚集到一起。

在种植水稻时，一般一亩田的杂交水稻种子成本需 200 元左右。种子成本犹如一座大山，压得种植户喘不过气，而小粒种就给他们“减压”

了。“卓 s”系列品种“个子小”，繁殖系数大。一般品种每亩田需 1.5 千克杂交水稻种子，小粒种则只需 0.75 千克，可节省 50%的成本。同时，小粒种结出来的是大谷稻，不仅能做“减法”，还能做“加法”，运用适当的种植方法，比一般的杂交水稻能增产 25%～30%。

唐文帮选育出来的小粒种及其研发的配套技术，使我国杂交水稻制种进入轻简机械化时代，具有划时代的意义。

## 取“卓越”之意超越自我

唐文帮在育种方面有一颗“力求更完美”的心。“我选育‘卓 s’系列的标杆是 C 两优华占，不仅要求品质好，还要适宜机械化。”唐文帮说。这条道路太难走，为达到这个目标，唐文帮付出的时间与精力只能用数据来说明。

研究初期，唐文帮陷入了一个误区：他认为选育小粒型不育系，就是种子越小越好。“选育出来的种子有的千粒重甚至只有 8 克，打一个喷嚏种子就飞走了。”唐文帮幽默地说。后来，经过 5 年的摸索，唐文帮总结出千粒重在 13～15 克是比较理想的状态。简单的一个数据，唐文帮花了 5 年时间来研究。

**卓两优 091 植株照片**

正月初四，大家还在访亲戚、走四方，而唐文帮却早已带着团队成员奔赴海南，开展育种工作。“每年要选育几万个品种，最终真正能符合我心意，让我踏实的品种只有那么几个。”唐文帮脸上留下了被太阳灼伤的痕迹，见证了他“万里挑一”的严谨与执着。

“没有一个杂交水稻品种是十全十美的，我要追求的是超越自我，使新品种更加卓越。”唐文帮道出了“卓 s”系列的命名之道。“卓 s”因针对我国农业劳动力紧张，杂交水稻种子成本大，技术要求高的问题而生，通过小粒型两系不育系及强优势杂交组合的选育，已经选育出了强优势低成本的杂交水稻品种，第 1 个小粒型两系不育系卓 201S 通过审定，与卓 201S 配套的制种技术“水稻小粒型两系不育系卓 201S 的选育及其机械化制种技术”于 2017 年通过湖南省农学会组织的科技成果评价，该成果创新性强，潜在的经济效益和社会效益巨大，对杂交水稻的稳定发展具有极其重要的意义。

**唐文帮（右一）在田间查看水稻生长情况**

**唐文帮简介：**男，汉族，1975年6月出生，中共党员，教授，博士生导师，湖南杂交水稻研究中心主任、湖南省品种审定委员会委员、湖南省水稻油菜重点实验室主任，湖南省121创新人才工程第一层次人才，长沙市创新创业领军人才，享受国务院特殊津贴。先后获得技术成果和专利12个，其中获国家发明专利2项，计算机软件著作权2项；合作出版专著1部，公开发表研究论文40篇，其中第1作者22篇；申请植物新品种保护权20项，授权植物新品种保护权8项。主持或参与国家重点研发计划项目、国家自然科学基金项目、湖南省科技重大专项等省部级科研课题20多项；获国家技术发明二等奖1项（排名第2），教育部技术发明一等奖1项、湖南省技术发明一等奖1项、湖南省科技进步二等奖3项，湖南省自然科学三等奖1项，2008年被聘为湖南省品种审定委员会委员，2009年被授予“湖南省十大青年杰出创新奖”，2011年获得湖南省青年科技奖，2015年开始享受国务院特殊津贴，2016年获评长沙市科技创新创业领军人才，2018年获评湖南省121创新人才培养工程第一层次人选。

# 小林与大穗

## ——记“巨穗稻”及选育者邓小林

闵军　曾理文　吉映

在国家杂交水稻工程技术研究中心，一株超大穗水稻标本陈列在展厅，它总能吸引来访者的目光。这种名为“巨穗稻”的超大穗水稻让人看到了科技的新奇力量，也让人联想到了大穗带来的丰收喜悦。有关大穗的故事，要从一个叫小林的人说起。

## 结缘：半道出家，师从袁院士

小林姓邓，他编过斗笠，撑过渡船，当过小学教师……在平凡与贫苦中挣扎和奋斗着。

而立之年，安江农校向他敞开了大门，掩藏多年的育种之梦，终于开始启动。

机会留给有准备的人，进入安江农校后，邓小林便成了袁隆平院士的学生。这是身为育种者的一种荣幸，同时也意味着一份严苛。初次相见，邓小林宽厚的大拇指引起了袁隆平院士的注意。“实在不像一双可以做细活的手，这育种工作要是做不了就回去吧！”袁隆平院士说。听罢，邓小林感受到了压力，但他并没有想过退缩。“一年不行，那就两年，两年不行，一辈子还长，我可以的！”邓小林在心里默念着，藏在他骨子里的执拗劲儿不停地往外窜。自此，邓小林便紧紧追随袁隆平院士的旗帜前行，不敢懈怠。

不知何时起，袁隆平院士无论是在长沙，还是在三亚，走到田间地头时，总喜欢叫上他一起，去看选育材料和优势苗头组合。

岁月流转，2000 年到来，那个“半道出家”的小林已是一名育种老手，他又如候鸟一般，从长沙来到了三亚。

这一年，邓小林用自选的恢复系“R1011”的姊妹系“R855”做母本，与田间编号“1033”（光叶爪哇稻改造后的中间材料）做父本进行杂交，第四代后再与自育新材料“明恢 63/R353//大穗稻（籼粳稻后代）/R527”杂交，然后进行系统选育。

历经长久等待，邓小林欣喜地发现了几株与众不同的材料。它们茎秆粗壮、叶片硬且直、叶色深绿、穗大粒多、花粉量足。几经思量，邓小林将其定名为“HR1128”：“11”代表着出自于 R1011，“28”是邓小林第一次看到杂交水稻的年龄。

大穗稻的世界被开启，邓小林一头扎入，专心探索。2006 年，他用一系列两系不育系与“HR1128”进行测交配组，同年在长沙种植测交 F1。测交过程中，“HR1128”表现出了强大的杂种优势和优良的株叶形态。2007、2008 年，邓小林用其进行品比和少量制种，以及多点品比试验和多点小面积栽培试验，“HR1128”均表现出优良的经济性状和较高的产量。

## 结晶：术业专攻，巨穗创新高

此后，父本“HR1128”系列组合表现出优异的商业开发价值，较好地实现了巨穗稻的杂种优势，同时解决了超高产与易倒伏的矛盾。

“1 180 万元！”2008 年 9 月 15 日，邓小林选育配组的两优 1128 系列组合，由隆平种业以史上最高价拍得（专属使用权）。该场拍卖在湖南省科技交流中心、湖南省技术产权交易所、湖南省种子管理站、湖南省农科院的领导及 50 多家种业界代表共 120 多人见证下进行，至今能出其右者寥寥。

大穗型高异交率优质不育系“T98A”，也是邓小林的得意之作。用其配组的早、中、晚稻数量多，推广面积大，他选育的“T 优 207”更是创造了“单年销量最大的晚稻品种”记录。

半辈人生，邓小林终用汗水浇灌出成果。他先后获得了湖南省科技进步二等奖 3 项（第一完成人），多次被评为湖南杂交水稻研究中心先进工作者，被湖南省农业科学院记二等功 1 次、三等功 3 次。

邓小林的成绩随着袁隆平院士“要让杂交水稻能造福世界人民”的梦想，从湖南走出了国门。1992 年起，邓小林先后被联合国粮农组织聘为发展杂交水稻技术顾问，连续 4 次去印度传授杂交水稻技术；先后 5 次去美国水稻技术公司进行杂交水稻的育种和制种的协作研究和技术指导；承担中国政府和菲律宾政府农业合作项目，并担任中方水稻组组长，6 次去菲律宾进行技术指导；兼任中国政府援助非洲项目组技术负责人，6 次赴马达加斯加进行技术培训指导等。时至今日，邓小林仍担任马达加斯加的育种培训顾问。

## 结心：发挥余热，助利诚发展

与大穗稻的故事并没有因为邓小林 60 岁退休而结束。邓小林发挥余热，依然坚守在一年两季的“候鸟”式研发第一线。他与长沙利诚种业有限公司结心，成为该公司的首席专家。“一天不劳动全身不舒服，又没有打牌和别的爱好，还是下田育种最开心。”邓小林说。

这些年，无论是利诚种业的育种团队打造、技术路线设计规划，还是生产经营，邓小林都给予了充分的指导和支持。利诚种业始终把农民增产增收作为首要因素考量，在公司文化中，亦是注入了邓小林一生修炼的品性——“实”！公司主推品种 Y 两优 1928 米质优良、稳产安全，10 年来深受长江中下游经销商、农户和米厂的青睐，是邓小林精神的有力印证。

每当听到有人说有些米口感硬而易散、没有嚼劲时，邓小林都会反复强调：“育种者的研究一定要在高产的基础上保障优质。”他带领利诚科研团队，通过多年研究与选育，在巨穗稻的基础上，通过近万份材料筛选，终于选育出了米质优、抗性好的巨穗稻优质两系不育系“圳”，取不断创新的“深圳精神”之意。配组的圳两优 2018、圳两优 79 等一系列组合 2019 年已经进入续试与生产试验。

“种田人丰收了，米饭好吃了，我们的研究才有价值”，这是邓小林作为育种人最为朴实的心愿。

杂交水稻育种专家邓小林研究员

**邓小林简介：** 男，汉族，1950年出生，研究员，杂交水稻育种专家，自1980年起，师从袁隆平院士从事杂交水稻研究工作。曾就职于湖南杂交水稻研究中心暨国家杂交水稻工程技术研究中心，先后被联合国粮农组合聘为发展杂交水稻技术顾问，现任长沙利诚种业首席育种专家。选育了通过审定的三系、两系杂交稻组合和不育系共57个，获湖南省科技进步二等奖3项（第一完成人）。多次评为湖南杂交水稻研究中心先进工作者，被湖南省农业科学院记二等功1次、三等功3次。先后在《杂交水稻》和《湖南农业科学》发表论文10多篇。

# 智慧定名雅占时代

## ——记雅占及选育者唐显岩

闵军　吉映　张少虎

雅占时代来临，一系列以其作为父本的杂交稻组合，所产的优质大米满足了消费者日益挑剔的味蕾，给奋斗在种植一线的农民带来了希望。这个时代的开创，不仅耗资巨大，更是因为有某个精神，某种情怀的支撑，才得以勇往直前。

### 一位科学家的“雅”

唐显岩是江西天涯种业有限公司的首席科学家，是“雅占”的培育人。

年近古稀的他，是一位致力于水稻育种研究的雅士。从湖南省安江农校毕业后，唐显岩留校工作，先后担任袁隆平和李必湖的课题助手。直至2001年，48岁的唐显岩调至湖南亚华种业科学研究院，担任科学院水稻研究所所长。2012年，正式受聘在江西天涯种业有限公司从事杂交水稻育种研究工作。

简单的履历表明，唐显岩的心，献给了育种，从未动摇。

2007年，由中国水稻研究所育成的“华占”是行业内公认的优势恢复系，已成为众多水稻育种家改良的对象。唐显岩是商业化育种的实施者，“华占”的优势也在此时深深地勾起了他改良的兴趣。

“改良华占的米质与抗性，降低其株高，这是我当时的目标。”唐显岩表示。为此，他选用“湛恢15”作母本，“华占”作父本，开启了南繁北育的旅程。

## TR22 带来的惊喜

改良的过程顺利但漫长。

2007 年冬天，唐显岩首次将湛恢 15 与华占在海南进行杂交；2008 年夏天，在江西萍乡进行 F1 去伪后全区混收；2008 年冬天，在海南种植 F2 单本 800 株群体；2009 年夏天，在江西萍乡种植 F3 群体 95 株行，每个株行种植 20 株；2009 年冬天，在海南进行 F4～F5 种植，每季在优行中选 4 个单株供下季种植；2010 年夏天，将萍乡的每份种子分一半至井冈山进行抗性鉴定；2010 年冬天，在海南种植 25 个 F6 抗稻瘟病的株行，每个株行种植 50 株……

在此过程中，唐显岩有了重大发现。其中一个株系后代生育期比“华占”长 2～4 天，且生长量、花粉量大于华占，制种产量明显提高。其米质垩白粒率低，垩白度小，长宽比达到 3.3，外观及食味对比华占具有明显的改进。

唐显岩将该株系为命名为 TR22，并与母本天丰 A、农香 A 等配成杂交稻组合。实验结果表明，TR22 配合力强，制种产量高，所配组合表现出米质优、抗性好、株形矮、株高降低等优势。

明显的优势之下，唐显岩果断选送 TR22 相关组合参加各级试验。在经江西天涯种业有限公司选送参加检测后发现，TR22 与华占的 DNA 指纹差别 3 对，被定性为不同品种。

## 巧定雅名

代号 TR22 始终成不了品牌名。2015 年，由 TR22 作为父本的吉优、天优组合即将审定。“取个好名字，打造新品牌!”成了当时江西天涯种业有限公司中，与 TR22 相关的工作人员经常思考和探讨的问题。

经多方研究，时任天涯公司科研总监的余秋平建议定名为：雅占。“取这个名字，我主要是从 TR22 的来源、培育人，以及公司这几个方面来考虑的。”余秋平说。TR22 源于华占，却又优于华占，占字可行；培育人唐显岩一生都专注于水稻育种，为人十分低调，有雅士情怀；从商业化角度考虑，江西雅农种业有限公司是天涯种业旗下的控股子公司，依托天涯种业强大的科研实力，专注杂交稻新品种推广，天丰 A/TR22（天优雅占）审定前，就已计划投放在雅农种业平台营销推广。

在天丰 A/TR22（天优雅占）审定时，天涯公司就专门向江西省农作物品种审定委员会提交了定名申请。从此，天涯种业把 TR22 配组的品种正式命名为雅占。

## 雅占时代来临

近几年，以雅占材料作父本在全国已经审定近 10 个杂交稻组合。农香优雅占、吉优雅占、天优雅占、五优 61（雅占）、C 两优雅占、荃优雅占等系列组合销售已遍及国内主要水稻生态区。

吉优雅占植株照片

天优雅占、吉优雅占属晚稻中熟品种，高产稳产，米质分别为国优 3 级和 2 级，多年被江西省农业厅推荐为主推品种，天优雅占每年推广面积在 50 万亩以上。

农香优雅占 2017 年通过江西审定，集抗病性、丰产性、广适性于一身。稻瘟病抗性综合指数 2.7，两年比对照 Y 两优 1 号增产 7.57%。分蘖力强，穗大粒多，稳产性好，非常适宜于江西及邻近省份等中等肥力稻区做一季稻栽培。

C两优雅占2017年通过国家审定，是近年主推的一个中籼稻品种，抗性好、产量稳，适应性广，穗大粒多，是一个深受农民喜爱的高产优质品种。

荃优雅占2017年通过广西审定，2019年江西待审。该品种丰产性好、品种优，是在中籼品种中米质、产量、抗性俱优的好品种。为此，安徽荃银与天涯种业专门联合成立了江西荃雅种业有限公司来运作该品种。

泰乡优雅占有望2019年通过江西审定。该品种综合性状优良，和一般优质稻相比，丰产性、抗倒性、熟期落色高出一个档次，整精米率较高。

雅占系列品种已被市场认可，属于雅占的时代已经到来。

**唐显岩在田间观察C两优雅占长势**

**唐显岩简介：**男，1953年出生，湖南沅陵县人，中共党员。江西天涯种业有限公司高级农艺师。主要研究优质广适型超级杂交水稻选育。自参加工作以来，先后参与国家级和省级杂交稻新组合选育及攻关课题多项，育成10余个水稻新品种，其中主持育成且排名第一位的通过省级以上审定的品种8个；突出的成果为育成“R402恢复系”以及以R402恢复系配制成的威优402和金优402等组合。威优402和金优402它一度是我国长江流域三系杂交早稻推广面积最大而成为的主栽品种多年。曾先后为国家、湖南、江西等省早杂区试的对照品种。经统计，各地科研单位用R402恢复系配制出13个“402”系列的组合通过审定。选育的华香优69和华香优2729品种于2010年分别被评为湖南省二级和省三级优质稻。2012～2018年，共选育了强势不育系“雅占”及其系列组合，审定组合10个、不育系1个，获得省级及以上审定14个，其中国审2个；2019年有1个不育系、5个组合正在省级待审，是江西省内近年杂交稻育种成果最多的专家之一。撰写了10多篇关于品种选育与应用、新组合栽培及制种技术的论文，发表于《杂交水稻》《作物研究》《种子》等刊物。

# 朝耕暮耘造“金”牌

## ——记“金23A”及选育者李伊良

闵军　吉映　钟许成

高卷裤腿走下田，半身泥水一身汗，草帽难遮其黝黑脸庞，这就是李伊良，一位已是耄耋之年的育种专家现状。

耄耋之年，本是在家享受天伦之乐的年纪，而对李伊良来说，稻田铸就了他强健的体魄，更是他放飞梦想，成就自我的地方。

### 不想饿肚子　19岁入行当学徒

慈利县阳河乡双连村是李伊良出生的地方，解放初期，贫困伴随着大多数老百姓。李伊良生在农民家庭，兄弟姐妹多，饿肚子是常有的事。为了多口饭吃，身为长子的他在读初中那年，被父亲硬拉回了家，送至大慈（慈利至大庸）公路建设工地当了一名临时工。那年，他才14岁。

初中学历，在那个年代已经是个文化人，他也因此被领导安排到指挥部当通讯员。为了让家里人不饿肚子，李伊良勒紧裤带，尽可能地节余一点粮食捎给家人。“我们一家人一年四季辛辛苦苦、勤勤恳恳干活，为什么连饭都吃不饱呢?”这样的疑问一直困惑着李伊良。

3年后，大慈公路竣工，工地指挥长转战北方。李伊良则准备去慈利县农场种粮，找寻那个困惑的症结所在。这年10月，19岁的李伊良如愿成为慈利县农科所的一名正式职工，给慈利县当时有名的水稻专家唐愈任当学徒，开始学习双季水稻栽培技术研究。

## 吃饱又吃好　39 岁立志改良杂交稻

20 世纪 70 年代，“杂交水稻之父”袁隆平带领团队实现了杂交水稻的历史性突破，水稻单产大幅度提高。杂交水稻得到迅速推广应用，产生了巨大的社会效益和经济效益，解决了中国人吃饱饭的问题。

1976 年，在长沙召开的全国水稻品种提纯复壮经验交流会上，原农业部种子处李梅生处长透露，美国环球公司与我国签订高产杂交稻转让技术合同之后，突然提出要中止合同，理由是中国的杂交稻种产量虽高，但米质达不到美国人的市场标准。“粮食市场需要优质米，选育优质品种是水稻科研工作者的责任!”此时，李伊良已在心里下定决心，立志要选育出好吃好看的杂交水稻品种。

1980 年，杂交水稻作为我国农业上的第一项专利，转让给美国西方石油公司下属的圆环种子公司。1981 年，该公司对我国提供的主要不育系、保持系和杂交组合进行适种和米质分析，结果显示，我国杂交水稻的产量比美国品种显著增产，增幅达 40%以上，但米质不佳，达不到美国市场对籼米品种的要求。

这一信息无疑再一次给了李伊良一击。他意识到，推动杂交水稻走向世界，必须在解决产量、抗性的前提下，进一步解决米质问题。因此，常德市农业科学研究所李伊良水稻育种课题组确立了“改良杂交稻品质，首先必须选育优质不育系”的目标。

## 率先解难题　55 岁育成金 23A

1982 年秋，李伊良以当时米质最好的保持系菲改 B 为母本，与经江苏省武进市（现武进区）稻麦原种场测交鉴定对野败不育系保持的云南地方品种软米 M 杂交。1985 年春在菲改 B×M 的 F5 代中选优良单株为父本，再与对野败保持的优质米品种黄金 3 号复交。在复交 F5 代中选优良单株，于 1988 年春在海南与 V20A 杂交，其后连续回交并逐代筛选，1991 年春在海南选出代号为 23A、B 的定型株系，并少量测交和繁殖。1991 年秋在常德进行育性鉴定和子一代优势比较，1992 年扩大繁殖和制种，进行较大面积的示范和区试，并继续进行育性鉴定和性状观察。鉴于23A、B含有二分之一的黄金3号血缘，因而将23A、B定名为金23A、B。

1992年9月，金23A通过湖南省科委组织的技术鉴定，成为我国第一个通过省级鉴定的优质三系不育系。1993年获得国家科技成果证书，同年，"优质杂交水稻不育系金23A及其保持系金23B的选育方法"获得国家专利，1994年第一个金优系列组合—金优桂99通过湖南省品种审定委员会审定并推广。金23A米质优良，保持系米质指标达到原农业部二级优质米标准。

金23A的育成，在全国率先解决了杂交水稻高产而不优质的世界难题，为全国杂交稻品质的改善提供了优良的亲本材料和成熟的技术。据不完全统计，金优系列组合自2000年以来，推广应用范围遍及各个籼稻产区，每年种植面积达2 000多万亩，累计应用超过3亿多亩，使农民增收150多亿元，创社会经济效益200多亿元。金23A作为我国第一个优质三系不育系，开创了我国杂交水稻既优质又高产的先河。

截至2018年12月份，国家水稻数据中心统计显示，用金23A为母本选育的品种超过200个。李伊良带领团队选育的高产优质品种金优桂99、金优117、金优207等20多个品种累计推广面积超过亿亩，创造经济效益80多亿元。金优系列杂交稻成为当时长江流域、江淮地区、珠江流域水稻的主栽品种，在美国、菲律宾、印度等国家示范种植，获得极高的国际赞誉。

**两优2818成熟期间落色好**

## 老人变“新人”　“80后”再绽放

1996 年，李伊良正式光荣退休。在他的心里，还有个未圆之梦——选育出一个优良的“两系不育系”。为此，他拒绝了多家企业的优厚待遇，接受原单位返聘，继续坚持育种事业。

在李伊良的带领下，常德市农林科学研究院的水稻团队参与省超级稻攻关协作组，承担国家、省、市重大专项课题共计 10 多项；2012 年课题组与中国种子集团海南三亚分公司签订“2012～ 2016 年度杂交水稻育种与开发项目合作协议”，建立了良好的科企合作关系。

稳定的科研经费支持，让李伊良研究员感受到了责任和压力。为了选育出优良的水稻品种，他从未给自己一个空闲的周末，连节假日也不休息。为了缩短育种周期，加快成果转化，他常年奔波于湖南、广西和海南三地。

目前，已到耄耋之年的李伊良依然像年轻人一样下田选种、到各地查看自己选育的新成果长势长相。他总是把“高产、优质、特色、高抗稻瘟病”作为自己选育品种的一个基本要求。

据不完全统计，他改造的优质高抗恢复系材料达 1 000 多份，筛选后代30 000份以上，进行抗性鉴定的材料20 000份以上，筛选的两系和三系不育系材料超过 300 份。

2016 年常德市农林科学研究院的水稻团队又与中国种子集团三亚分公司签订了 2017～2021 年度“杂交水稻育种与开发”合同，李伊良仍担任首席专家，继续追逐着梦想，继续抒写着传奇。

李伊良在田间调查新品种性状

**李伊良简介：**男，1937 年 11 月出生，湖南慈利人。研究员、中共党员。先后主持杂交水稻新组合选育课题、籼三系优质米组合选育课题，原农业部丰收计划和优质推广项目，省七五、八五、九五攻关协作课题和原农业部重中之重的优质杂交水稻金优组合推广项目。先后获得国家科技进步二等奖 1 项，国家科技进步三等奖 1 项，国家特等发明奖 1 项（系主要协作成员）；湖南省科技进步二等奖 4 项；湖南省农业科技进步二等奖 4 项、三等奖 3 项；湖南省常德市科技进步特等奖 1 项、一等奖 1 项、二等奖 2 项、三等奖 1 项。他主持育成了常菲 22A、金 23A、30A、898A 四个优质杂交水稻不育系，由其配组并通过审定的组合达 47 个，并被推广到全国 16 个省、自治区、直辖市，累计种植面积过亿亩，创社会经济效益 60 多亿元。优质杂交水稻不育系金 23A 及其保持系金 23B 的选育方法 1997 年被授予国家发明专利，1998 年被授予湖南省专利实施金奖。1980 年度被评为省劳模和省七五、八五、九五期间的攻关协作项目完成先进个人，1986～1987 年两年被评为常德地区优秀科技工作者。1992 年被常德市委、市政府予以通报表彰和重奖并记大功 1 次，1993 年被授予常德市拔尖人才和市劳模，市第二届政协委员，2003 年被评为常德市十大新闻人物，1995 年被国务院授予全国先进工作者称号，1997 年被评为常德市发明创造先进个人和有突出贡献的专家。1999 年被授予常德市科技之星。湖南省光召科技奖获得者，获得全国先进工作者和湖南省劳动模范荣誉。在公开刊物上发表专业论文 20 余篇。

# 业精于勤　“创”造不易

## ——记创丰1号与创香5号及选育者黎用朝

闵军　吉映　戴徐颖

翻开湖南省农业科学院水稻研究所党总支书记、二级研究员黎用朝的履历表，“国家水稻产业技术体系岗位专家”与“水稻育种研究”是最显眼的关联词。

育种不易，育出大品种更不易。30多年钻研，黎用朝至今已主持或参与育成并推广的水稻品种有20多个，其中创丰1号与创香5号“两兄弟”在湖南水稻产业链的品种大军中有不凡的表现，先后荣获湖南省科技进步二等奖。

### 一心研究：专心＋勤奋

黎用朝大学学习的是植物保护专业，起初在水稻育种方面并无专业优势。而他之所以在这一领域大展拳脚，答案就在闲暇时的埋头苦读中，在稻田的每一个严寒酷暑中，在实验室流过的每一滴汗水中，在失败后的每一次坚守中。

大学四年，黎用朝除了主修的植物保护专业，一有时间，他就常常主动学习育种知识，四年的坚持，也为日后育种研究打下了基础。1986年毕业后，他进入湖南省农业科学院水稻研究所，从事常规水稻高产、多抗、优质新品种选育工作。平时，他除了负责田间育种，还自愿承担课题组试验田的植保工作，这也是后来他所选育的品种抗逆性表现好的原因之一。

6年后，黎用朝被提拔为湖南省水稻研究所育种室副主任，同年还晋升为助理研究员。在职称评定时，有评委当场表示：“这个小伙子无获奖成果，也未发表高级的文章，不能通过。”但黎用朝平时的表现全被当时任评审组长的曾德洪看在眼里，他提出："尽管目前这个年轻人成果可能达不到助理研究员要求，但你们应该都看到过他经常担肥料送试验田，背喷雾器治虫，常在办公室一个人加班看书、统计数据。他这种勤奋且敬业的精神我们应该给予鼓励！"最终，黎用朝全票顺利通过了职称评定。

"人们了解一个科研工作者或科研团队，往往都是从个人或团队的科研成果开始，没有人会关注你今天穿了多精致的衣服、戴了多名贵的手表。"黎用朝深刻地知道，作为一名科研人，必须静下心来做研究。即便仕途顺畅，1999 年便担任了水稻研究所党支部书记，2003～2017 年任所长，后又担任党总支书记，黎用朝依然扎根于科研团队，坚持品种选育、高效栽培等相关的科研工作。正常上班时间他忙于履行行政管理工作职责，一到节假日、周末，黎用朝就劳动在田间，奋战科研一线。水稻生长期内，他会尽可能抽出时间带领年轻人开展各项科学试验。

## 两大特质：务实＋大胆

走出校门时，黎用朝被分配在张黎光先生课题组，从事常规中稻品种选育。向来不愿墨守成规的他，一边学习适应工作，一边观察、探索、总结工作中存在的问题。

随着时间的积累，黎用朝发现，直至 2000 年，课题组全部是中稻育种材料，但当时湖南常规中稻品种无产量优势，大面积生产应用的几乎全部是杂交稻品种，所以常规中稻育种方面一直未选育出大面积应用的品种。育种离不开育种材料，黎用朝意识到这个情况后，几经思索，他大胆理出了两个创新方向，以此来改变这种受束缚的状况！

首先，黎用朝从材料上下功夫，大力引进早稻、晚稻新材料，并大力创新材料。他从浙江、江西、菲律宾等地引进早稻材料进行大胆改良，又到广东、福建、巴西等地引进晚稻品种进行改良。他把育种亲本材料一分为三，早稻、中稻、晚稻各种植一套，让水稻亲本材料在长沙从 6～9 月均有开花，这样杂交来源常常有早稻/中稻、早稻/晚稻、中稻/早稻等等，创新的材料得到了丰富。其次，是组建核心创新团队，大胆引进与起用年轻研发人员。并带领团队不断开拓创新，目前核心团队成员有 2 名研究员、

3 名博士。



## 三维品种：抗逆+优质+丰产

2009 年 7 月初，黎用朝回老家探亲时，经过汉寿县沧港镇潭坪湖村时，发现有一片早稻长势喜人。他立刻问当地农民是啥品种，农民说："我们也不知道是啥，前几年农业局放了几个品种在这里试种，我们觉得这个品种产量明显高于其余品种，就每年留种自发种植，周边成片有好几千亩。"听罢，黎用朝立刻打电话与汉寿县农业局联系，证实该片种植的正是他的团队选育的"创"字兄弟中的创丰 1 号。



讲起"创"字兄弟，黎用朝全身是劲。1995 年，黎用朝在湖南长沙以塘丝占为母本，以红突 31 为父本杂交，经过 7 代定向选育，于 1999 年稳定定型。当年课题组考虑到这是研创出来的新型品种，需要鞭策团队不断创新，决定其后选育的早稻常规稻就命名创丰系列、优质晚稻常规稻就命名创香系列，还争取育成不育系创 S、创 A。

早稻定名创丰 1 号后，黎用朝团队选送该品种参加了各级别中间试验。2003～2004 两年区试，平均单产 498.80 千克/亩，比对照金优 402 增产 4.28%，刷新湖南省早籼常规稻品种区试高产纪录。

凭借优良的田间表现，创丰 1 号于 2005 年顺利通过湖南省审定。由于该品种的直链淀粉含量（27.7%）、精米率（72.3%），胶稠度（66 毫米）等指标符合米粉等加工原粮标准而被米粉加工企业选用。当年 7 月 8 日，在汉寿县株木乡施家巷村创丰 1 号百亩示范片进行专家组现场测产，四点取样测产每 572.2 千克/亩，专家们一致认定：该示范区的产量为湖南常规早稻的超高产典范。此后，该品种被农民自发广泛种植，该品种被列为 2006 年度科技部农业科技成果转化资金项目支助推广品种，以及 2005 年、2007 年、2009 年度省农业综合开发科技示范品种。2005～2015 年，创丰 1 号在湖南省累计推广 300 多万亩，作为种质资源被省内外多家科研单位利用。其选育与应用获 2010 年湖南省科技进步二等奖。

创丰系列早稻取得了成功的同时，创香系列晚稻也在崛起。1999 年，黎用朝用明恢 63 作母本，与优质香稻品种湘晚籼 13 号（农香 98）交，经 4 代定向选择，于 2002 年选择其中优良单株作父本，与以巴西光壳稻 IA-

PAR－9 为母本杂交，经过 7 代定向选育定型，并命名为创香 5 号。2008 年参加课题组品比试验，同年参加湖南省第七次优质稻品种评选；2009 年被评选为湖南省二等优质稻品种；2009～2010 年连续两年参加湖南省一季晚稻组区域试验，2010 年申请原农业部植物新品种权保护。2011 年通过湖南省审定，同年被中种集团相中，进行产业化开发。

湖南省科学技术进步奖

证　书

为表彰湖南省科学技术进步奖获得者，特颁发此证书。

获奖项目：高产专用早籼稻创丰1号的选育与应用

奖励等级：二等奖

获奖单位：湖南省水稻研究所
（第1完成单位）

二〇一〇年十二月七日

证书号：20104288-J2-048-D01

创丰 1 号奖励证书

创香 5 号突出特点是抗逆性强：稻瘟病抗性综合指数 5.5 级、白叶枯病 3 级、稻曲病 2 级；耐高温、耐低温能力强、抗倒伏。全生育期 118～125 天，可兼作一季晚稻和连作晚稻栽培。该品种为目前湖南区试产量最高、抗逆性最好的高档优质香稻新品种，被列为国家农业成果转化项目、湖南省农业综合开发科技示范推广项目品种。截至 2018 年在湖南省累计推广 280 万亩。其选育与应用获 2017 年湖南省科技进步二等奖。

近年黎用朝团队又研发了创香 18 晚籼稻品种。该品种属浓香型，稻米外观晶莹剔透，米质检测达国标一级食用优质稻标准，目前正参加中间试验，黎用朝团队对新育成的“创”字号品种寄予厚望。

“人们都说种田苦，但很少有人想着去改变它。我的梦想就是选育出更多抗逆、优质、好种的水稻品种，让农民种水稻更轻松、更划算。”走在水稻育种路上，黎用朝仍与团队同仁们正在朝着梦想奋力奔跑。

黎用朝在田间观察水稻生长情况

**黎用朝简介：**男，1963 年 9 月出生，湖南汉寿县人，二级研究员，国家水稻产业技术体系遗传改良研究室岗位专家，享受国务院政府特殊津贴专家。自 1986 年 7 月至今一直在湖南省水稻研究所从事水稻高产、多抗、优质新品种选育及水稻大面积高产、高效技术示范推广工作。先后主持水稻转基因重点项目、科技成果转化资金项目、高档优质稻新品种选育等多项部、省科研课题。致力于水稻育种和高效栽培研究，至今已主持或参与育成并大面积推广湘中籼 2 号、湘中籼 3 号、培两优 981、龙两优 981、湘丰早 119、丰优 326、创丰 1 号、T 优 109、创香 5 号、金穗 128、湘晚籼 13 号、湘晚籼 10 号、板仓香糯、板仓粳糯、晚籼紫宝等 20 多个水稻品种，获得省科技进步奖 10 项，其中三项湖南省科技进步二等奖为第一完成人。出版专著 2 部，发表学术论文 60 余篇。

# 以赤子之心　筑多穗杂交稻之梦

## ——记多穗型超级杂交稻育种模型创立者彭既明

余杏　闵军　吉映

培育出具有分蘖能力强、肥料施用量少、适于机械化、安全稳产等多重优势的多穗型超级杂交稻，是国家杂交水稻工程技术研究中心二级研究员彭既明心中的追求。这么多年来，他一直朝着这个目标努力，从未改变。

“冬日苦思芳靓，寻遍北国无影。琼岛梦牵萦，点缀绿茵恬静。憧憬，憧憬，渐入稻花仙境。”

2019 年 2 月 2 日，春节前夕，长沙大雪纷飞，彭既明看着窗前的雪景，心却早已飞向了海南，瑞雪丰年，新的、更好的多穗型杂交稻品种培育有望。思念之下，他提笔写下了这首“如梦令”，以慰藉心中的育种梦。

2017 年，彭既明在国内外首次提出了“多穗型超级杂交稻”育种模型，并成功培育出代表品种多穗型两用核不育系明 S 与新品种明两优 143。提出一个育种模型是十分难得的，到目前为止，除了彭既明，我国主要有 5 位育种专家提出过适宜不同生态区域的育种模型。其中的艰辛，都被彭既明云淡风轻地一笔带过，只留下三件他认为的“小事”。

## 超级稻攻关，立下“军令状”

1981 年 12 月，彭既明大学毕业，在基层工作 16 年；1997 年作为我国首批公开考评的访问学者赴泰国农业大学公派留学；1999 年学成回国，来到国家杂交水稻工程技术研究中心从事育种工作，成为袁隆平杂交水稻创新团队的核心成员，并荣获国家、省、市科技进步奖 13 项，两次被湖南省农科院授予“记功”表彰奖励。

跟随袁隆平院士一起攀登“中国超级稻育种”这座“山峰”，彭既明越过一道道坎从未松懈，印象最深的是超级稻900千克攻关现场验收的那段时间，他绷紧神经，多次失眠。

2011年，袁隆平团队的超级稻900千克攻关项目取得了突破性进展。

2011年9月14日，袁隆平院士、时任湖南省农业厅总农艺师刘年喜及彭既明等5人，一起从长沙出发，驱车赶往隆回县羊古坳。此行的目的就是为了确定是否报请原农业部进行现场验收。一路上氛围有些沉重，空气中弥漫着紧张的气息。

当日中午，一行人抵达隆回县城。中饭后，袁隆平院士慎重地问了彭既明一个问题："这次，超级稻亩产过900千克，你真有把握吗?"

彭既明毫不犹豫，挺起胸膛说："过不了，任凭您处置!"

有了彭既明的"军令状"，袁隆平院士更有信心。当日下午，大家还未到达羊古坳现场，袁隆平院士就和刘年喜总农艺师商议，立马行文向原农业部科教司发出"报告"，申请9月18日现场验收超级稻。

原农业部科教司第二天即作出批复，同意进行现场验收，并派出以中国水稻研究所所长程式华为组长的7位国内知名专家组成的验收组，17号专家们全部到达隆回县。

满怀信心的彭既明，在重压之下，也不免有些紧张。9月17日，现场测产的前一天晚上，天公不作美，下起了大雨。彭既明一晚没睡，生怕雨水过多，水稻大面积倒伏，多年的辛苦与梦想就要付诸东流了。

9月18日，天刚蒙蒙亮，彭既明就一骨碌从床上爬起来，跑到田间查看。所幸的是，水稻没有出现倒伏现象。当天，验收组专家们紧锣密鼓地组织现场测产，央视新闻频道现场滚动直播。按照原农业部超级稻验收标准，经过非常严格甚至有点苛刻的验收，百亩方超级稻实际面积108亩，最终平均亩产926.6千克，这是彭既明交给袁隆平院士和杂交水稻界的一份"答卷"。

"测产结果出来后，我心中的石头放下了，感觉非常轻松而又踏实。"彭既明笑着说，同时摸摸自己的头，并重重地松了一口气。回忆起来，那天那种刻骨铭心的感觉仍历历在目。

"中国超级稻育种"经过了层层攻关，彭既明也从中积累了许多经验，为日后"多穗型超级杂交稻"模型的创立和多穗型品种的培育提供了实践与理论基础。

## 稻瘟病“肆虐”，P143横空出世

稻瘟病是南方籼稻区最大“敌人”之一，只要在幼穗分化阶段与始穗期出现高温高湿，它就会大范围“肆虐”，有时甚至造成绝收。为了将水稻从稻瘟病的“魔爪”中解救出来，彭既明走出国门，从国外引进了两个抗稻瘟病基因——pi9 和 pita，通过加压选择、南北加代，将其聚合到一个父本中，自此，具有抗稻瘟病特性的广适性恢复系 P143 诞生。

彭既明把 P143 当成自己的小孩，希望它能为深受稻瘟病危害的水稻种植户增产增效做出贡献，而 P143 也不负他所望，以其为父本培育的 Y 两优 143、明两优 143、湘两优 143、广两优 143、隆两优 143 等抗稻瘟病新品种相继“问世”。

“Y 两优 143 这个品种适应性非常强，目前已是我国第二个在长江上游、长江中下游和华南稻区等三大稻区全部通过审定的品种，在辽阔的南方稻区基本上都能种植。”彭既明说。

彭既明的办公室挂着一张泛白的中国地图，上面许多地点做了标注。他凝视着它，沉思着说：“为了选育出更好的品种，这么多年，除了西藏和台湾没去过，其他地方基本都走到了。”彭既明这些年一直行走在路上，国外有 11 个国家留下了他工作的足迹。

**Y 两优 143 照片**

## 突破“瓶颈”，多穗型杂交稻脱颖而出

彭既明犹如一名工匠，将超级稻进行细细打磨，他深知超级稻的优点，也明白其“短板”。

彭既明在分析了中国第1～4期超级杂交中稻高产攻关品种产量构成因素时，发现在新品种选育中，大家都不断趋向选择大穗型或超大穗型品种，导致肥料用量增加与生产成本提高。超级稻高产攻关最高每亩要施30千克纯氮，是普通农户一季稻氮肥使用量的2倍左右，对环境污染也严重。

怎样才能使超级稻高产又可降低肥料的使用呢？彭既明一直在思考这个难题，经常夜不能寐。

在总结前人的经验时，彭既明突发奇想：为什么不能让超级稻“横”着长呢？

于是，彭既明分析了2011～2016年湖南省审定的40个中稻迟熟品种、2009～2014年国家长江中下游审定的63个中籼品种的产量构成因素，在此基础上，提出了“多穗型超级杂交稻”的新概念与技术指标。

相比大穗型的超级稻，多穗型超级杂交稻表现出了分蘖能力强、肥料使用量降低、成熟整齐一致、矮秆抗倒、适于机械化管理及安全稳产等多重优势，对水稻提质增效、乡村振兴有非常积极的意义，具有广阔的应用前景。

明两优143就是彭既明用自育的多穗型两系核不育系明S与自选抗稻瘟病恢复系P143配组育成的多穗型杂交稻新组合，2016年通过海南省审定，2019年参加长江中下游区试。该品种具有株叶形态好、分蘖力强、有效穗多、稻瘟病抗性好等特点，适宜在华南稻区作早晚双季和长江中下游作一季中稻栽培。

明S和明两优143之“明”取名于彭既明的最后一个字，他希望由明S配组而成的多穗型杂交稻系列品种，能成为后起之秀，成为冉冉升起的明亮之星，在我国杂交水稻发展的“银河”中，散发属于自己的光芒。

彭既明（右一）与袁隆平院士等合影

**彭既明简介：**彭既明，二级研究员，国务院政府特殊津贴专家，国家水稻产业技术体系育种岗位专家组成员，袁隆平杂交水稻创新团队核心成员，湖南大学硕士研究生导师，国际水稻研究所讲师。曾任联合国粮农组织CP/SRL/3102（D）项目专家组组长、联合国ESCAP斐济项目专家组组长。获国家、省、市科技成果奖13项，其中国家科技进步奖一等奖2项、湖南省科技进步一等奖2项；选育审定杂交稻品种7个，其中国审2个，获原农业部植物新品种保护权3项，出版专著5部，发表论文83篇。创立了“多穗型超级杂交稻”育种模型及其理论，并成功培育成代表性品种明S与明两优143。现主要从事多穗型杂交稻育种及其基础理论研究、耐盐碱水稻育种及其基础理论研究以及超级杂交稻示范与推广，同时主持、参与部省级多个重大专项。

# 双肩挑出种企新未来

## ——记科裕隆科两优组合及选育者孙梅元

闵军　吉映　易鹏飞

“科两优 9、科两优 529、科两优 889……共 10 个品种通过国家或省级审定了。”面对采访，孙梅元只有在提到品种时，才会面露微笑，他滔滔不绝地数着科 S 两系不育系选育出的品种。

孙梅元是科 S 选育者，曾任湖南科裕隆种业有限公司董事长、总经理，现任公司首席育种专家、副董事长。

### 弃爱好　从科研　只为人生有价值

出生怀化新晃县农村的孙梅元，1975 年考入湖南安江农校，攻读农学专业。与一些农门出身的学子不同，他不仅成绩优异，爱好也十分广泛，在诸多体育项目，特别是篮球方面表现非凡。

1978 年毕业时，恰逢袁隆平在安江农校准备招收两人到安江农校水稻杂交水稻研究室其科研团队工作，在一大批优秀毕业生中，孙梅元通过重重考验来到了袁隆平面前。见到高大健壮的孙梅元，袁隆平问他：“小孙，你会整田不?”孙梅元立马下田给袁隆平操作一番，袁隆平当场拍板说“行!”

转眼，孙梅元进入袁隆平科研团队已是 3 年，由于孙梅元运动天赋高，安江农校党委决定让他在湖南师大进修体育后回校当体育老师。面对这样的机会，孙梅元有些许矛盾。诚然，他很喜欢运动，特别是篮球，能成为一名体育教师，他也会感到满足。但小时候吃不饱饭的经历，让他深刻认识到水稻科研的重大意义，袁隆平亦找他谈话，肯定了他在育种方面的才华。几经思量，孙梅元毅然留在了杂交水稻科研的岗位上，坚定地开启了研究与开发杂交稻的半辈人生。



## 攻难关　育优品　小试牛刀收获丰

沉下心的孙梅元将打篮球的勇猛用在了水稻育种上。

1981 年，在袁隆平院士的亲自指导下，孙梅元攻克重重难关，成功培育出优势强、抗性好、适应性广的高产稳产组合威优 64。该组合株形好、谷粒长、千粒重大、抗性优，特别是对水肥要求不很严，适应性强。1982～1998 年累计推广面积 2 亿多亩，增产粮食 60 亿千克，新增产值 30 亿元，成为湖南影响力非常大的几个水稻品种之一。



2003 年，他又选育出 Y 两优 3218 品种，被推荐为第三期超级稻攻关组合。品种推广 10 多年，至今还拥有众多农民“粉丝”。

1978～2003 年，这 25 年是孙梅元专职搞科研的时间。工作地点也由安江农校、转到菲律宾卡捷尔、美国水稻技术公司、湖南杂交水稻中心等多个国家、多个机构。

在科研岗位上，孙梅元在袁隆平的指导下选育出多个优势组合，在各项试验和生产中都取得了非常好的表现。他并没有因此自满，思考和总结让他明白，再好的品种没有推广到广大农民手中去，和路边的野草没有区别。“好的品种就应该让更多农民知道，让更多农民种植，让更多农民增产增收。”孙梅元说。

## 创企业　拓市场　科裕隆快速成长

为了实现好品种市场化，为农民创造更多财富，2004 年，50 岁的孙梅元毅然投身种业市场，牵头创建了湖南科裕隆种业有限公司。

一个育种家转型做市场，这本身就存在风险和挑战。但对于孙梅元来说，他看到的更多的是机遇。在他的精心经营下，公司从创立之初的注册资本 500 万元到 2012 年增长为 1.14 亿元，营业规模由创立之初的1 000多万元到 2016 年增长为 1.6 亿元。

现在，科裕隆已发展为中国首批拥有完整科研、生产、加工、销售、服务体系的育繁推一体化种业企业之一，是湖南省农业产业化龙头企业，湖南省种子协会副理事长单位，湖南省诚信建设示范单位，湖南省高新技术企业，中国种子协会 AAA 级企业，2013 年 4 月获得全国经营和进出口资质。在 2016 年全国种子骨干企业 50 强中排名第 44 位。

## 讲特色　重品质　两系三系助发展

科技兴农，种业为先。孙梅元的水稻科研创新意识强，他认为作为杂交稻公司来说，只有选育出有特色的母本，才可以系统地推进商业化育种。

在公司创立不久后，他便以湖南杂交水稻研究中心最新育成的两系不育系 Y58S 与湖南农业大学新育成的 C815S 杂交，快速定向育成了新的不育系，并以科裕隆种业公司的第一个字命名为科 S。

该不育系 2012 年通过湖南审定，属籼型温敏两用核不育系，播始历期 80～66 天。株型紧凑，剑叶长而直立、微凹，分蘖力中等，穗型较大，谷长粒形，分蘖力较好。单株有效穗 12.1 穗，每穗总颖花 132.9 朵，千粒重 27 克。不育株率 100%，不育度 99.9%，花粉败育以典败花粉为主，育性转换起点温度 23.5℃以下，不育性较稳定。异交结实率高，抗性、米质较好。

继科 S 之后，孙梅元带领科研团队瞄准市场需求，不断调整选育目标，陆续选育并审定了科 2S、W116S、裕 S 等一系列的新两系不育系。

在市场需求逐渐提高对稻米品质的要求时，孙梅元立刻调整科研目标，定下了“优质、高长宽比、有香味”三个基准，以三系和两系不育系为突破口，通过 2 年 6 代加速选育，成功选育出一批三系和两系不育系。以这些不育系为母本配组的优质稻组合科两优 407、科两优 1168 等已陆续推出，并在区试中表现突出。

## 遇危机　启重组　为民创富展蓝图

2012～2014 年，各大种企纷纷扩大生产，种子市场总量过于饱和，科裕隆种业公司也跟风进入了行业的“大跃进”浪潮，形成了高库存，企业资金压力陡增，经营岌岌可危。孙梅元作为公司的领头人，当机立断采取措施，决定对外引进战略投资者重组公司。

2015年，科裕隆公司与重庆农投种业有限公司完成战略重组转身成为国有控股企业，并通过系列的创新改革扭转了企业经营困局。孙梅元作为科裕隆公司科研带头人，一是创新运用传统育种手段结合分子育种技术，在水稻抗性育种新模式的探索和实践上取得重大突破，进一步提升了公司的核心竞争力；二是以“满足农民需求、为农民创造价值”为抓手，积极探索营销模式创新，通过成立技术服务团队建立网络服务平台等手段大力推行传统层级经销方式向技术服务型营销的转型。

2015年10月与重庆市农业投资集团下属重庆农投种业有限公司完成战略重组后，公司在科研、生产、营销、管理诸多方面提质升级，经营业绩节节攀升，迎来了新一轮蓬勃发展的好时机。近年来在水稻抗性育种、推广种业新技术服务方面取得新的突破。湖南科裕隆种业有限公司在国家种业改革浪潮中，秉承袁隆平院士“发展杂交水稻，造福世界人民”的宏伟愿景，奋力进取，努力开拓杂交水稻事业。

他始终坚信，只要不忘记为“农民创造财富”的追求，公司的科研育种的成绩就能做得更好，公司的经营业绩就能做得更好。他更坚信，在党中央国务院大力推进民族种业发展的宏伟蓝图下，在深化种业体制改革的指导方针下。我国的杂交水稻事业将会发展得越来越好。前半辈子在科研机构专职搞科研，职业生涯中期转到企业，边搞科研边搞经营，孙梅元的目的只有一个，就是要将袁隆平杂交水稻技术推向全世界，让世界人民都能享受到好品种带来的福祉。

孙梅元（右一）陪同外国友人考察水稻品种表现

**孙梅元简介：**男，1954 年 6 月生，湖南怀化人，知名杂交水稻育种专家，曾任湖南安江农校、湖南杂交水稻研究中心科研人员、杂交水稻研究中心副研究员，1995～1997 年曾在美国水稻技术公司从事传授杂交水稻育种技术工作。1989 年威优 64 的选育获国家科技进步三等奖；1991 年在湖南省首届青年科技奖中获“湖南省优秀青年科技工作者”称号；1998 年被授予“湖南省优秀青年专家”，享受国务院特殊津贴。先后选育威优 64、Y 两优 3218、科两优系列、科优系列、湘优系列等两大系统组合，超过 40 个品种通过国家或省级审定。

# “一秤”“一尺”选出“红宝石”

## ——记红米品种湘晚籼12号及选育者王子平

闵军　吉映

在水稻家族中，有一颗闪亮的“红宝石”——湘晚籼12号（原名97-24或9724）。这颗“红宝石”是湖南省农业科学院水稻研究所王子平研究员的匠心之作。被时光打磨了12年的它，拥有夺目的色泽，是人们健康长寿的源泉。

## 起步之艰

“20世纪90年代末，我省优质稻育种才起步，条件艰苦。”王子平回忆。1990年，王子平从南京农业大学硕士毕业，被分配到了湖南省农业科学院水稻研究所，加入了时任所长何登骥的课题组，从事常规晚稻育种工作。

与南京农业大学实验室的精密仪器相比，课题组给王子平的试验工具就是一杆提秤、一把米尺。秤主要是用来测量播种稻谷的重量与收割小区稻谷的重量，米尺主要用于测量水稻株高、穗长、谷粒长等。

简陋的条件并没有消减王子平对水稻育种的热情。那时的夏天，年轻的王子平经常穿着短衣短裤，趿着一双拖鞋，手握尺子，穿梭于田间。“条件不好，但我们搞科研的，成果都是由青春和汗水浇灌的。”王子平讲起过往，面若平湖。

## 远亲杂交

每个育种家都有一个追寻优质稻品种的梦想，王子平亦不例外。

为育成一个综合性较好的优质稻品种，王子平一直在反复思考与研究。1992 年起，王子平用源于 HRRI 的“92W93”作母本，源于湖南农业大学的遗传工程稻-红米材料“GER-3”作父本进行杂交，这是属于远亲杂交。

品种的选育周期长，往往需要漫长的等待。4 年后的某个上午，王子平来到田间观察记录时，欣喜地发现该品系杂交后代有个株系已经稳定。王子平轻轻地剥开谷壳，红色的糙米格外好看。抑制住内心的激动，王子平习惯性地将大米放在口里嚼了嚼，优异的口感促使王子平赶紧拿起尺子来量株高。经比对，该株系材料株高 97.24 厘米，比对照品种威优 64 仅高 2 厘米。王子平如获至宝，决定把它当成重点材料进行了标记。

## 幸运 97 - 24

王子平将该株系材料取代号为 97 - 24，并急切地展开了研究。

1997 年，王子平给 97 - 24 种植了 3 个重复，每个重复 0.2 亩（1 亩≈667 平方米）。像自己的孩子一样，王子平企盼着 97 - 24 的成长。当年，97 - 24 没有让王子平失望，它在田间出落得整齐且清秀。

第二年，王子平果断将 97 - 24 扩种到 1 亩地，令人惊喜的是 97 - 24 在田间表现出株型矮、分蘖力强、整齐、后期落色好等优良特征。待到收获季节，王子平收割了 200 平方米，碰巧的是 200 平方米的 97 - 24 刚好收了 97.24 千克稻谷，折合亩产 486.2 千克。此后，97 - 24 成了王子平心中的幸运数字。

## 成长中的“红宝石”

好品种经得起比对和试验。鉴于 97 - 24 前两年的不俗表现，1999 年、2001 年，王子平选送 97 - 24 分别参加湖南省第四届优质米评选、湖南省区域试验，以及南方稻区晚籼中迟熟优质组区域试验。

“这样的机会十分难得，我非常珍惜。”王子平说，年轻的他带领团队一粒一粒地挑选参试种子。功夫不负用心人！97 - 24 被评为湖南省三等优质稻，并于 2001 年 2 月顺利通过湖南省农作物品种审定委员会审定（湘品审第 307 号）。此时，97－24 被定名为湘晚籼 12 号，水稻中的“红宝石”正式面世。

审定之后，不断接受市场检验的“红宝石”变得更加璀璨夺目。2003 年，它顺利通过了全国农作物品种审定委员会审定（国审稻 2003065），并成为国家首批优质专用农作物新品种选育及繁育技术研究项目品种。2010 年，它又被湖南省农业综合开发办公室（湘农综〔2010〕75 号）认定为湖南省主要农产品主导品种。“优质广适红籼米品种湘晚籼 12 号的选育及应用”项目也获得了 2008 年度湖南省科学技术进步二等奖。

近几年，湘晚籼 12 号（97－24）被认定为湖南省镉低积累吸收最稳定的品种。同时，在粮食丰产工程项目中，被筛选为节水耐旱品种。其米粒细长、透明、垩白少、外观品质好、蒸煮食用品质佳等优势，吸引了大量粮食加工企业。它被用于高档优质米加工、配方米加工。因其独特的红色，它也被用作发芽糙米的加工、红米米糠等开发。自审定以来，该品种累计在湖南省推广 600 多万亩，且逐年递增，应用范围也越来越广。

**湘晚籼 12 号的田间表现**

## 聚焦优品

“我这颗‘红宝石’就像我的孩子一样，我培育它，希望它越来越优秀，它也做到了。”王子平捧起桌上的一包样品，露出满足的微笑，数着湘晚籼 12 号（97－24）的优点。

经原农业部稻米及制品质量监督检验测试中心检测，该品种糙米率 79.9%，精米率 72.4%，整精米率 55.8%，精米长 7.3 毫米，长宽比 3.6，垩白粒率 2%，垩白度 0.1，透明度 2 级，碱消值 7.0 级，胶稠度 66 毫米，直链淀粉含量 16.0%，蛋白质含量 10.0%。

“不仅好看，还好吃又营养哩。”王子平说。该品种糙米呈褐红色，食味好。红米色素中含有一般水稻品种中缺乏的胡萝卜素、生物碱、强心苷、苯酚素、甾醇等生物活性物质和铁、硒、锌、钙等矿质元素，具有特殊的营养保健功效。其米糠较普通稻米糠含更多的亚油酸和油酸。

不仅如此，该品种区试全生育期 114.05 天，比对照威优 77 长 2.4 天。在湖南近年的示范推广中，全生育期 110～116 天，比大面积推广的金优 207 短 1～3 天，适宜在湖南省作中熟晚稻栽培，可在湖北、江西、安徽、浙江、福建、广西等省区的适宜区域种植推广。

此外，该品种株型较矮，茎秆坚韧，抗倒能力强。抽穗扬花期较耐低温，抵御自然灾害能力较强，抗旱节水能力强。

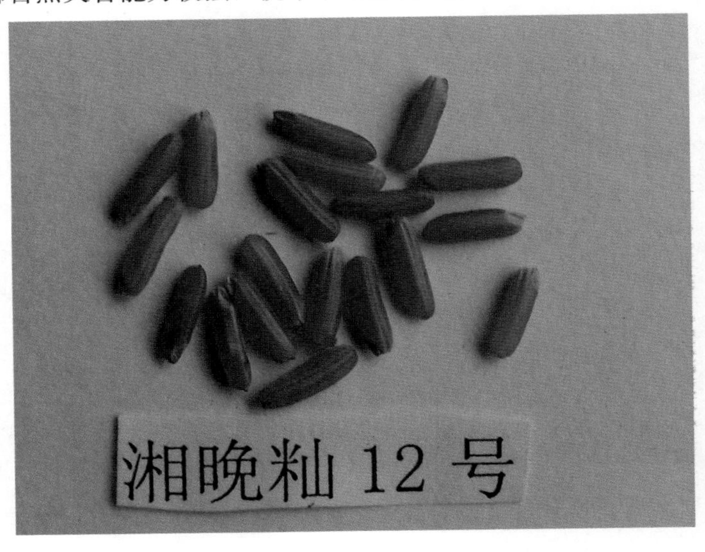


**王子平简介：**研究员，男，1965 年出生，常德鼎城人。现任湖南省农业科学院水稻研究所杂交稻研究室主任，主持选育湘晚籼 12 号、硕丰 2 号、S1035、湘盐 603 等品种。

# “免晒稻”未来可期

## ——记中种R1607及选育者郑瑞丰

闵军　吉映　戴徐颖

篮球场上，一个高壮的身影熟练地带球向前进攻。眨眼间，只见他纵身而起，篮球脱手而出，轻入球筐中央，一个完美的投球！郑瑞丰擦拭着脸上挂满的汗珠，露出灿烂的笑容。这是繁重的育种工作之余，郑瑞丰一直坚持的习惯。他感受着其中不停追逐和不服输的精神，而他所从事的水稻育种工作，正需要这种精神来支撑。

20世纪80年代，出生于湖南汨罗的郑瑞丰从湖南农业大学昆虫学专业硕士毕业，被分配到湖南省农业科学院水稻研究所从事水稻品种资源研究工作。1995年，受当时湖南省农科院育种前辈曾德洪与何登骥的感召，他毅然投身水稻育种，开始了漫长的求索之路。

郑瑞丰从常规早籼育种学起，而后独自开始三系不育系选育工作。2004年师从湖南农业大学陈立云教授攻读遗传育种学博士学位，毕业后，进行水稻常规与杂交、不育系与恢复系等水稻育种工作。

数十年的工作，“下田－调研－总结”是郑瑞丰积累下来的经验。经常有人说他：“50多岁的研究员了，还经常在田间辛苦做什么咯。”郑瑞丰总是微笑着告诉他们，一位育种家的论文应该写在大地上，只有在田间才能寻到宝。这么多年，郑瑞丰的年终总结都是轻描淡写，但对育种材料，他却管理得十分精细，每个育种袋上的标注非常清楚详尽。

2011年，郑瑞丰受聘到新组建的中国种子集团有限公司生命科学技术中心从事杂交籼稻育种工作。当时华占所配组合推广势头很猛，华占的改良也如火如荼。郑瑞丰考虑到华占株型松散、抗倒性不强、易落粒，便开始着手基于这三个性状的改良。

当年，郑瑞丰便在武汉以华占为母本，以远恢611为父本进行去雄杂交；2012 年三亚 F1 除杂后混收，在武汉种植 F2 群体2 000株，选择优良株系 30 个，F3～F5 继续优中选优；2013 年底，三亚种植 F5 株系 24 个，当季从每个株系中选择 1～2 株进行配合力检测；2014 年，武汉同时种植测交种 F1（TC1）与恢复系测交株系，考察 TC1 代杂种产量，并确定增产组合对应父本，筛选出配合力好的株系 11 个，其中 C815S/14HR5－72 产量高、落色好、抗倒强，父本稍有分离，继续选择与测交；2016 年，武汉中稻产量比较试验，源自 14HR5－72 的 17HR20 与荃 9311A 所配组合三个重复平均产量 803.5 千克，折合亩产 803.5 千克（1607 斤）。因为该恢复系于 2016 年定型，比较试验折合亩产 803.5 千克（1607 斤），故在申请植物新品种权时，将其命名为中种 R1607。

中种 R1607 株型传自远恢 611，株型紧凑，剑叶微凹，叶色浓绿，抗倒性强，穗部性状传自华占，粒多粒小粒密，抗稻瘟病，抗低温耐高温，后期转色好，难落粒。所配杂交稻组合均表现抗倒性强、穗半直立、颖壳少毛、脱水快、后期功能叶持绿期长、营养物质不回流，不易掉粒，无穗萌现象，米质优。

经过多番试验，郑瑞丰发现，中种 R1607 可在谷粒水分低于 13%或成熟后 20 天左右收割，大大节约了收晒时间与烘干费用，极具科技创新的免晒稻先锋材料－中种 R1607 正式面世。

有了免晒稻先锋材料，要发挥其免晒作用，还得配组出免晒品种。为此，郑瑞丰把中种 R1607 与 C815S、荃 9113A、广 8A、川种 3A 等不育系配制，产生了荃优 607、川种优 3607（川种 3A/1607）、中丰两优 2607（中丰 S2/1607）、旌优 607（8122A/1607）、中两优 8607（888S/1607）、圳优 607（圳 18A/1607）、中种优 5607（51A/1607）、C 两优 607 等多个组合。这些在参加各级试验的同时，还在不断进行免晒试验，并表现出了巨大的潜能。

C 两优 607（C815S/中种 R1607）：2018 年湖南省水稻联合品比试验，全生育期 122.6 天，比 C 两优 343 长 0.6 天，平均亩产 663.53 千克，比 C 两优 343 增产 4.72%，小组第一，稻瘟病综合指数 3.38。

荃优 607（荃 9113A/中种 R1607）：2018 年长江中下游区试平均亩产 627.24 千克，比丰两优四号增产 7.37%。全生育期 121.1 天，比丰两优四号迟熟 0.7 天。每亩有效穗 18.7 万穗，每穗总粒数 188.8 粒，结实率

84.7%，千粒重 25.9 克。米质主要指标：糙米率 81.5%，整精米率 70.9%，长宽比 3.0，垩白粒率 12%，垩白度 3.2%，透明度 1 级，碱消值 5.3，胶稠度 74 毫米，直链淀粉含量 15.5%，综合评级为部标优质 3 级、国标优 2 级。

中丰两优 2607（中丰 S2/中种 R1607）：2018 年长江中下游中籼迟熟组区试，平均亩产 619.33 千克，比对照丰两优 4 号增产 6.02%，抗倒性强，稻瘟病综合指数 3.3 级，国标 2 级，部优 3 级。

川种优 3607（川种 3A/中种 R1607）：2018 年长江中下游中籼迟熟组区试平均亩产 650.91 千克，比丰两优四号增产 6.42%。全生育期 129.3 天，比丰两优四号（CK）迟熟 0.2 天。每亩有效穗 16.2 万穗，每穗总粒数 205.8 粒，结实率 84.5%，千粒重 24.4 克。米质主要指标：糙米率 81.1%，整精米率 70.3%，长宽比 3.1，垩白粒率 9%，垩白度 2.3%，透明度 1 级，碱消值 6.0，胶稠度 57 毫米，直链淀粉含量 16.6%，综合评级为部标优质 3 级、国标优 2 级。

随着土地流转面积的扩大，种植大户稻谷晾晒问题突出，中种 R1607 所配制的免晒稻品种能够实现稻谷田间自然干燥，省劳节本，是解决晾晒问题的有效途径。郑瑞丰始终怀揣“科技创新，为农减负”的初衷，尽管免晒稻的免晒效果尚在试验当中，但他充分相信，免晒稻的未来可期。

**郑瑞丰简介**：男，研究员，1965 年出生，湖南汨罗市人。现从事杂交水稻新品种选育与材料创制工作。先后育成常规稻品种：湘早籼 24 号、99 早 677、湘晚籼 16 号；杂交稻品种：株两优 224、双两优 508、盛优 656、盛优 2318；不育种：盛丰 A、中种 1014S、中种 1023S、擎 1S、擎 6S、擎 9S 等；恢复系：中种 R1601—中种 R1625 等。

# 尘封多年技未荒 “创宇”不凡显锋芒

## ——记创宇9号及选育者刘泽民

闵军 阳标仁 吉映

创宇9号，湖南省高档（二等）优质稻品种，以小粒、质优、性价比高的雄姿在充满长大粒香稻的湖南异军突起。创宇9号为何能在众多优质稻品种中表现优异呢？一切缘于它的选育者——湖南省农科院水稻研究所研究员兼长沙大禾科技发展中心总经理刘泽民，这位与稻米生产加工和市场开发打交道20多年的科技工作者，深知生产者、加工者、消费者三方各自对稻米的需求，他培育的水稻品种更能满足各方的共同利益。

## 初志未成迫换岗

1986年，湖南农大遗传育种专业毕业的刘泽民被顺利分配在湖南省农科院水稻研究所从事水稻育种工作，同时从事水稻原种生产工作。可以把大学最喜欢的水稻育种设计、杂交、选择、再选择等付诸实际行动，刘泽民高兴极了。

然而，从事水稻育种工作，下田是必不可少的，特别是从水稻插秧后到抽穗扬花期间，刘泽民几乎每天都是干衣服去、湿衣服回，忙着田间试验记载、配组杂交等工作。本就有风湿病家族史的刘泽民，在此种工作条件下，一年后风湿关节痛便表现出来了。脚痛难忍的他，蹲下去都困难。为此，他去医院做了检查，医生善意地叮嘱他以后最好不要下田。“那怎么行啊，水稻育种不下田，如何去做水稻的杂交配组、生产记载、观察筛选？”刘泽民并没有听从医生的建议，冒着风湿加重的风险，依然继续他的水稻育种工作。

1989年3月，湖南省水稻研究所成立科技开发室。水稻研究所根据他的工作能力，结合他的身体情况，准备抽他到开发室工作。一想到要离开自己十分喜爱的水稻育种岗位，刘泽民不愿意接受。时任所长的黄发松亲自找他谈话，语重心长地对他说："这不仅是考虑你的身体，更主要是工作需要年轻人出来挑担子、做贡献。业务上由所里来协调，你可以继续挂在育种课题，参与课题组的育种研究。"话已至此，刘泽民只好暂时离开水稻遗传育种工作岗位，将主要精力放到水稻新品种推广及优质大米加工研发工作上。但他也没有放弃水稻育种科研的理想，一直参加育种课题组的育种工作，即使在开发室工作很紧张，或是风湿性关节炎很严重的时候，他也从来没有停止过。

从参加工作到 2003 年的 17 年时间里，作为主要参加者，他参与选育了湘晚籼 4 号、湘晚籼 12 号、湘晚籼 13 号、湘晚籼 16 号等水稻新品种。

## "创宇"应市出江湖

1994 年 8 月，长沙大禾科技开发中心成立，主要业务是进行优质稻米产业开发。此时，作为中心总经理的刘泽民对知识产权特别敏感，他觉得该中心研发生产的大米需要有自己特殊的商标。即刻，他便发动中心全体人员及所里职工都来献名献策，一下子收集了十几个名字。通过比对，最后他觉得"创宇"二字大气又特别，便定下来作了中心研发产品的商标，并登记注册。"创宇"寓意为"创造无限，宇纳博恒"，目的就是创制优米产品，壮大稻米产业；做好稻学文章，福耀万千大众。之后刘泽民将创宇二字也用在了他所选育的水稻品种名称上。

优质稻品种选育是从 20 世纪 80 年代中期开始的，但是优质稻产量低的问题在其后的近 20 年时间里一直没有得到很好地解决。直到 2005 年黄华占在广东审定推广，且在湖南、湖北、江西等地同时进行引种试验，生产市场上赞声一遍。该品种高产、抗倒，米质也达到了中上水平，这使育种家们看到了优质稻实现高产的希望。

刘泽民出身农村，这些年又长期在农村建基地、收稻谷，自己又从事大米生产加工和市场开发，他深刻了解农民一年的忙碌希望得到什么，也十分清楚企业和消费者对水稻品种性状及品质的要求是什么。他清醒地意识到，湖南这个水稻生产大省迫切需要拥有自己的丰产性、出米率、米质超过黄华占的水稻品种。他把自己尘封多年的遗传育种“手艺”又拿出来，亲自从杂交配组（开始）入手，开始了他的水稻育种研究试验。

2006 年秋，刘泽民团队以黄华占为母本、高档优质香稻中香 1 号为父本进行杂交，目标就是想通过杂交改良筛选培养出既保持黄华占高产、植株矮的特性，又具有中香 1 号米质优良特点的优质高产水稻新品种。

2006 年冬，刘泽民团队在海南种植 F1 代 17 株；2007 年在湖南长沙种植 F2 代1 200株，筛选 26 株，当年冬又到海南直播加代种植 F3；2008 年长沙 F4 每株系种植 80 株，入选 12 株；2009 年湖南长沙继续加代种植 F5；2010 年长沙种植 F6 代株系，选收其中 6 个农艺性状稳定、株高适中、落色好、产量水平较高的株系进行测产及米质分析，其中 10－27、10－32、10－38 的产量与米质表现突出；2011 年种植 F7 株系并参加当年品比试验，其中 10－32 株系表现高产；2012 年加代种植 F8 株系并继续进行品比试验（品种编号：C1208），该株系表现稳产、高产、抗性强；2013 年刘老师将代号为创宇 9 号（即 C1208）的品种送样参加湖南省第九次优质稻品种评选，即被评为湖南省（高档）二等优质稻品种；2014～2015 年参加湖南省晚稻区试，2017 年通过湖南省农作物品种审定委员会审定，审定名称：创宇 9 号。

## 创宇 9 号露锋芒

创宇 9 号属中熟优质晚籼稻，全生育期 117.8 天，比黄华占早 3～4 天。该品种优良特性明显：米质优：糙米率 78.8%，整精米率 67.6%，粒长 7.0 毫米，长宽比 3.5，少垩白，透明度 1 级，碱消值 7.0 级，胶稠度 70 毫米，直链淀粉 16.0%。光洁透亮，米饭清香，松柔可口；产量高：创宇 9 号耐肥抗倒增产潜力大，2013 年参加省水稻所晚稻品比平均亩产 598.3 千克，比对照黄华占增产 6.3%。2014～2015 年参加湖南省晚稻中熟组区域试验，平均亩产 567.3 千克，比对照（杂交稻）仅减产 4.2%。2018～2019 年分别在长沙县、益阳市赫山区和浏阳市基地连片种植创宇 9 号 150.5 亩、1 000亩和 150 亩示范片，经专家现场测产验收平均亩产分别为 642.3 千克、618.2 千克、630.7 千克。一般大田亩产 500～600 千克，高产水平可达 650 千克以上；抗性强：省区试两年多点鉴定叶瘟平均 3.7

级，穗颈瘟平均 6.0 级，稻瘟病综合抗性指数 3.6；白叶枯病抗性 4 级；稻曲病抗性平均 5.0 级。耐高温能力较强，抗倒性好；耐储藏：经鉴定，创宇 9 号常温条件下储藏 18 个月，其发芽率保持在 65%～87%；贮藏 36 个月后进行人工老化处理，仍保持 10.4%～75.2% 发芽率，老化指数 8.29%～87.32%。理化指标检测分析表明，常温条件下储藏 1 年后的创宇 9 号稻米脂肪酸值（储藏指标）变化小，仅为对照的 1/10。胶稠度变化值比对照也小很多。且储藏 1 年后，该品种米饭色泽、气味、口感与新粮差别很小，冷饭回生慢；镉低积累：2014～2015 年提前参加湖南省低镉品种联合筛选（预备）试验表明，该品种镉含量较低（同等于对照湘晚籼 12 号），位于参试品种前列；加工成本低，产值高：品种产量高，整精米率高，质优价值高。

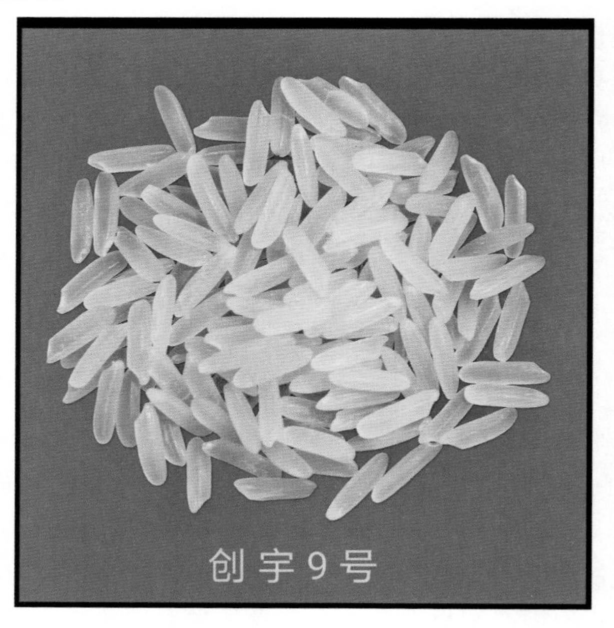
创宇9号

## 创宇系列逐登台

为了充分利用创宇 9 号的优良特性，刘泽民带领他的科研团队将创宇 9 号与多个不育系进行杂交，筛选综合性状好的杂交新组合。目前已选育出各具特点的新杂交组合，如玖两优 1208（2019 年通过湖南省审定）、风两优创 9（风 S/1208）等。

在进行高产优质籼稻品种育种中，刘泽民开展了大量的广适性高产优质种质资源创制，通过目标定位、杂交导入、田间鉴定，筛选出了一批具有高产、优质，且耐逆性强的水稻新种质材料。他利用这些新材料培育了创宇 10 号、创宇 21（岭香丝苗）、创宇 23（红）、创宇 27、创宇 28、创宇 36、创宇 106、创宇 107 等各具特色的“创宇”系列优质稻新品种。

刘泽民（前一）观察品种长势

**刘泽民简介：**湖南省农科院水稻研究所三级研究员，长沙大禾科技开发中心总经理（兼），男，湖南汨罗人，中共党员。主要研究方向为籼型高产优质稻品种选育。自 1986 年 7 月参加工作以来，主要从事水稻遗传育种（兼水稻原种生产）、科技开发、稻米加工和储藏技术研发等工作。主持国家级和省级课题多项。2006 年前，参与（主要参加者）育成了湘晚籼 4 号、湘晚籼 12 号、湘晚籼 13 号、湘晚籼 16 号等水稻品种；2006 年后主持育成了创宇 9 号（2017 年审定）、玖两优 1208（2019 年审定）、创宇 10 号、创宇 27、创宇 28、创宇 36、创宇 106、创宇 107、岭香丝苗、岭香银丝等各具特色优质稻新品种。其中“创宇 9 号”和“岭香丝苗”分别于 2013 年、2018 年在湖南省第九次、第十二次优质稻品种评选中被评为高档二等优质稻品种。获省科技进步二等奖 2 项：高档优质香稻“湘晚籼 13 号”的选育及应用（2006 年）、优质广适红籼米品种“湘晚籼 12 号”的选育及应用（2008 年）；三等奖 2 项：优质高产籼稻资源创新研究（2000 年）、优质食用稻米配方优化综合技术研究与应用（2009 年）。获植物新品种权 4 项：创宇 9 号，品种权号 CNA20150918.0；湘晚籼 16 号，品种权号 CNA20140175.9。创宇 10 号，品种权号 20173088.6；创宇 107，品种权号 20173087.7。

# 情系开慧　传稻“板仓”

## ——记板仓系列特种稻及选育者闵军

袁万茂　吉映

在纸上作画我们常常见到，但以农田为纸、水稻为颜料作画，您见过吗？湖南省农业科学院水稻研究所彩色水稻研究专家闵军便是这样一位特殊的“画家”。

两种不同颜色的水稻组成“牵手”图案，寓意市民轻松快乐地享受乡村悠闲生活。

## 邂逅“初恋小镇”

与大多数科研人员不同，在生性浪漫的闵军眼里，水稻不仅是粮食作物，它还如兰花一般，有着深厚的内涵，是一种可供人观赏的独特素材。

1999 年参加工作起，揣着梦想的闵军便跟着老师一起开始着手彩色水稻研究，到 2013 年，他的彩色稻研究已有一些进展，手里积攒了不少彩色稻育种“宝贝”。很多人被闵军的彩色水稻圈粉，其驻地长沙县北山镇彩色稻科普示范基地的游客络绎不绝。

彼时，处于建设初期的长沙县开慧镇，虽已从“板仓”更名为“开慧”，但名气不大，前来旅游的人不多。开慧镇是杨开慧的故乡，因毛泽东与杨开慧的初恋传奇，又被人称为“初恋小镇”，离长沙市区 60 千米，是红色旅游景点。为使开慧镇富起来、美起来，相关领导专程拜访闵军，参观了其彩色稻示范基地后，当即聘请他为开慧镇特别科技特派员。

从 2014 年开始，闵军便携带他的所有宝贝——彩色稻育种材料扎根在了开慧镇。因胸怀对先烈的崇敬之情，他寻思着要将其在这里育成的所有品种以先烈名字命名，而且还可以通过水稻品种加大开慧镇的推广与影响。然而，因名人的名号不能随便用于商标、商品命名，与开慧镇相关领导商定后，只好改用开慧镇以前的名字——板仓，试验编号如板仓 1 号、板仓 2 号等等。

2013～2020 年，闵军倾注心血，8 年时间共审定 6 个板仓系列品种，另有 4 个品种申请了植物新品种保护。在这里，他建设了彩色稻研发与科普基地，使之成了彩色稻研发的摇篮。

## 独树一帜“板仓稻”

板仓香糯（审定编号：湘审稻 2016017）是闵军及其团队在开慧镇育成的第一个品种。

来到开慧镇后，他火力全开，2015 年湖南省农作物品种审定部分专家组在开慧镇召开板仓香糯现场考察与评议会，并进行了品尝。2016 年，板仓香糯如期通过了湖南省农作物品种审定委员会审定。该品种为长粒型，有清香味，米质检测达国标二等优质糯米标准。目前该品种申请了植物新品种权保护（申请号：20171612.5），并授权给益阳市惠民种业科技有限公司开发。

闵军喜欢观察，来这里不久，他便发现开慧镇有个几户农户家里一直种植一种矮矮的水稻。经打听，在 20 年前，该地在种有粳稻品种的同时，又有农户种植了糯米品种，经过天然杂交，矮矮的粳稻成了糯米。

闵军把这个稻种当宝贝一样保存起来，并立即进行 DNA 指纹图谱分析。经过与现审品种严格对比，发现这是新材料。闵军把它命名为板仓粳糯，2016～2017 年连续选送参加了湖南省种子协会组织的联合品比试验。2016 年参加了浏阳北盛镇的展示，并邀请专家组召开现场考察与评议会。2017 年该品种通过了湖南省农作物品种审定委员会审定，审定编号为湘审稻 20170033。该品种为圆粒型，米质检测达国标等级优糯米标准。经中国科学院亚热带生态研究所测定，该品种还带有 5 个低镉基因。目前该品种申请了植物新品种权保护（申请号：20172359.0），并授权给湖南中郎种业有限公司开发，板仓粳糯的选育及相关研究还荣获 2020 年度湖南省农业科学院科技进步一等奖。

闵军善于思考，考虑到湖南早稻大米除了用于直接食用，大部分主要是作食品加工、饲料等，他便暗自立下目标——研发一个糯性比较好的早籼糯米品种。

他从湖南省农科院种质资源库中取出糯 110 的保藏材料，与大粒的自选育材料株 112 杂交，选育出了稳定性好的一个早稻糯米品种，取名板仓早糯。2018 年，该品种选送参加湖南省种子协会组织的联合品比试验，2019 年邀请专家组召开现场考察与评议会，2020 年通过了湖南省农作物品种审定委员会审定（湘审稻 20200059）。该品种作为常规特种稻中熟品种，在湖南省作中熟早稻栽培，千粒重 30 克以上。

## 更上层楼“特种稻”

闵军的常规彩色水稻品种选育绽放出了光彩，在特种稻研究上也有一些建树。板仓早紫、板仓全彩、板仓红糯等品种便是其中的佼佼者。

板仓早紫种出来的大米带有紫色，是用早籼黑宝作母本，丰优早 11 号作父本杂交，定向选育定型的早稻品种。2017～2018 年，该品种在长沙、益阳等地乡镇及省水稻所基地试种。2019 年 7 月 8 日在长沙市芙蓉区马坡岭湖南省水稻研究所试验田进行了专家现场评议，2020 年通过湖南省农作物品种审定委员审定（湘审稻 20200060）。该品种为常规特种稻中熟中稻品种，在湖南省作中熟早稻栽培。

板仓全彩种出的水稻叶片和大米均为紫色，是用全紫稻（湘晚籼 12 号

/紫香糯//紫叶指示稻）作母本，用自选籼稻品种湘晚籼13号作父本杂交，经过8代定向选育定型而成的常规特种稻中熟中稻品种，在我省作中稻栽培。2019年9月，该品种在长沙县路口镇明月村进行了专家现场评议，2020年通过湖南省农作物品种审定委员审定（湘审稻20200061）。

板仓红糯种出的大米为红色糯米，是用糯110作母本，红米品种湘晚籼12号作父本杂交，经过10代定向选育定型而成的常规特种稻中熟品种，在我省作中熟中稻栽培。2019年9月，该品种在长沙县路口镇明月村进行了专家现场评议，2020年通过湖南省农作物品种审定委员审定（湘审稻20200062）。

另一方面，闵军很有品种保护意识，他对自己选育的彩色水稻品种均申请了植物新品种保护。如板仓早籼紫叶（全生育期叶片紫色）、板仓早籼黄叶（全生育期叶片黄色）、板仓早籼白叶（全生育期叶片浅白色）、板仓早籼紫糯（早稻紫糯米）。

现在，板仓号特种水稻品种已成为我国稻种资源宝藏中珍贵的一类，是我国优异稻种资源的重要组成部分。其营养丰富，集色、香、味和营养保健为一体，具有良好的药用、酿酒和制作饮料价值。在人们不断追求自然的今天，特种米产品将成为千家万户餐桌上的常用食品。

时任湖南省人民政府副省长张硕辅（右五）一行考察开慧彩色稻基地

## 稻田彩绘的摇篮

在进行水稻育种的同时，闵军变身为稻田画家。他利用在开慧镇研发的板仓号彩色稻，在田间绘制了彩色水稻艺术图片，依靠农业科技为开慧化妆添彩。

他将选育的红色、紫色、黄色、白色等新型彩色稻有规律地播种到田间，待到秧苗返青分蘖后，一丘丘普通的稻田，变成了一幅幅锦绣图画。绿色的禾苗上面，有紫红色禾苗画的心，有黑褐色禾苗画的房，还有用摩斯密码拼出的 MARRY ME……闵军设计的彩色水稻画，主体是板仓全紫稻绘制的红色，基调是板仓香糯绘制的绿色，是对“红色开慧、绿色板仓”的立体诠释，摩斯密码拼出的 MARRY ME（嫁给我），是对毛泽东和杨开慧初恋故事的浪漫吟诵。

几年来，闵军带领着他的团队和开慧镇一起，创造国家发明专利“一种利用彩色稻精准制作景观图案的方法”（专利号：ZL201610255564.9）。先后利用彩色稻设计种植了“携子之手”“初恋板仓”“我心奉献”“乐和之美”等系列图形，并通过田间展示、主办沙龙、专家讲座、短期培训班、科技开放日等实现彩色作物种植区的观赏价值、体验价值与教育价值。特别是 2015 年 7 月，在开慧镇板仓国际露营基地，一幅 50 米长，35 米宽的稻田艺术图案——情侣起舞，向人们展示了彩色稻的魅力，这也是全省最大的人物彩色稻图案。

经过科技化妆后的开慧镇，如今变得格外热闹。各类媒体、摄影爱好者、旅游者……纷至沓来。他们的体验，让“开慧”声名远扬。

看！“开慧”——这个红色传奇小镇，在拥有板仓号特种水稻这个农业科技摇篮后，如涅槃后的新娘，穿着五彩霓裳，带着花草香，向我们款款走来！同时，带有特殊印记的板仓号特种稻也应用越来越宽广。

**闵军简介：**男，汉族，1976 年出生，湖南宁乡市人，中共党员，研究员。2019 年获全国农业植物新品种保护先进个人称号，2018 年获“张海银种业促进奖”二等奖，2016 年获湖南省第十届青年科技奖。现任湖南省水稻研究所“轻高高”遗传育种研究室主任，湖南省种子协会秘书长。近年为湖南省科技特派员、三区人才专家、万名工程团团长。近10年获湖南省科技进步二等奖3项（排名第2）、湖南省科技进步一等奖1项（排名第6）、湖南省专利三等奖1项（排名第1）、湖南省农业丰收奖3项；共选育15个水稻品种通过省级审定（其中6个排名第1，9个排名第2）；获5项国家发明专利；获国家作品权登记20项，发表论文60余篇，主编出版《特种稻品种与栽培技术研究》专著。

# 育成珍品乐稻郎　玉晶 91 大名扬

## ——记金奖品种玉晶 91 及选育者黄为

闵军　吉映　张榕珈

“玉晶 91！”2018 年首届全国优质稻（籼稻）品种食味品质鉴评现场，主持人铿锵有力地宣布出 10 大籼稻品种金奖得主时，现场顿时一片沸腾。玉晶 91 自此走出深闺，广为人知。玉晶 91 一战成名的背后，是多年来湖南省农科院水稻所以黄为老师为主的科研育种团队的坚守。

## 承父衣钵

黄为的父亲是湖南省水稻研究所粳稻育种家黄瑞林。黄为出生在湖南省贺家山原种场，从小跟随父亲在田间打转，但他对水稻并不感兴趣。他大学所学专业是无线电，与水稻育种更是八竿子打不着。即便如此，父亲还是深切地希望黄为能承其衣钵，从事水稻育种工作。

毕业来临之际，恰逢湖南省农科院招工，反复思考后，黄为最终还是遂了父亲心愿，走上了水稻育种的道路。

一个无线电专业毕业的大学生，做起水稻育种工作来，自然是一窍不通的。别人一上午可以做 10 多个常规杂交，他只能做 2～3 个。为此，黄为经常借助专业书籍，并与父亲及其余同事学习水稻育种知识。

随着时间的推移，黄为越来越能体会父亲对育种的痴迷。在稻田中发现自己心仪的新材料时，他总是仔细打量端详研究，爱不释手。有时中午一吃完饭，草帽都来不及戴就往田里冲，选到自己想要的宝贝后，立马取回，像呵护小孩一样照顾起来。前些年，海南岛南繁条件差，但黄为每年都主动申请到海南岛工作。在黄为看来，南繁能够实现水稻材料及个人技能的加代提质。在海南岛南繁时间长了，当地农民亲切地称他为“阿黄”。

# 育成玉晶

“尘封多年名未扬，育成玉晶乐阿黄，一家种稻百家香，百家煮饭万年长”。这是黄为育成玉晶时所赋的诗，他满心的欣喜与期望藏都藏不住。

1998年后，湖南高档优质稻选育有了起色，湘晚籼17号、玉针香等品种被评选为湖南省一等优质稻品种。但这些高端优质稻品种由于大米细长，导致出米率不高。黄为认为，湖南市场需要一个具有玉针香大米口感，但整精米率高的优质稻品种。

对此，黄为想到了不改变粒长只增加粒宽的办法。他用自己前几年育成的优质株系爱华5号/农香16作母本，用大粒优质稻玉柱香作为父本杂交。经过南繁北育，终于有一个株系稳定。

黄为对其寄予了很大期望。他希望该材料大米像玉一样晶莹剔透，同时兼顾丰产性。此外，黄为有个癖好，喜欢单数，他又信奉万物均是九九归一。于是玉丰91就此诞生。

2012年他与课题组商量，将玉丰91报送参评湖南省第九次优质稻品种评选。评选结果令人欣喜，2013年1月18日，原湖南省农业厅出台文件，玉丰91被评选为当年唯一的一等优质晚稻品种。

黄为把玉丰91当成了宝贝，选送它参加湖南省区域试验。该品种2013～2014年区试平均亩产501.09千克，比对照减产2.46％，日产量4.42千克，比对照低2.98％。区试米质检测：糙米率77.0％，精米率65.3％，整精米率45.9％，粒长8.0毫米，长宽比3.8，垩白粒率9％，垩白度1.4％，透明度1级，碱消值6.8级，胶稠度80毫米，直链淀粉含量15.7％。

2015年3月，黄为与课题组成员一起将品种申请湖南省审定。但审定时名字中有个“丰”字不符合标准命名，需要修改。更名之事让黄为茶饭不思。他把所有想到的名字，全部写在纸上，连续3天，整整写了5大张都未能满意。

有一天，黄为取了200克稻谷加工成大米，制作米样。他把刚加工的大米放在书桌上时突然发现，大米在灯光的照射下，如水晶一样闪闪发光。黄为激动地拍起桌子，就叫“玉晶 91”吧！

# 一战成名

玉晶 91 通过审定后，交由湖南活力种业科技股份有限公司进行推广操作。为将其打造成南方优质稻的明星品种，活力种业制定了一战成名的三步策略。

首先是亮相湘米工程。2017 年 9 月，湖南活力种业将玉晶 91 申报湖南省湘米工程项目。玉晶 91 以其商品性强，外观品相优异，米质达湖南省一级优质米（国标一级）以上，口感食味均佳（超过泰国香米的口感），于 2018 年年初被正式列湖南省湘米工程重点推广优质稻品种。

勇闯全国优质稻食味品鉴海选关是玉晶 91 迈出闺门的第二步。2018 年，首届全国优质稻（籼稻）品种食味品质鉴评大会举行。接到参加湖南省海选通知后，活力种业从选米到包装，都费尽了心思。此次海选，有来自全省的 40 多个品种参选。玉晶 91 凭借自身气味浓郁芳香、口感俱佳等优势，在众多品种中脱颖而出，成为湖南出战全国优质稻米食味品鉴大会的三个代表品种之一！

荣获原农业部首届金奖优质稻是玉晶 91 一战成名的第三步。此次评选共有 75 个来自全国各地推荐的优质稻品种参评，由 30 名以院士为代表组成的评鉴专家组，对照日本渔昭越光（粳稻）和泰国香米（籼稻），统一编制盲样号，通过看、闻、尝、评分等步骤，从光泽度、气味（香）、柔软性、适口性、滋味、冷饭质地等方面进行全面评价。共选出了10大籼稻10大粳稻金奖品种，玉晶91名列其中。

此后，玉晶91的金奖之路“扶摇直上”。在2018年以“创新种业 智种未来”为主题的第一届长沙种业硅谷峰会暨种业创新成果博览会上，玉晶91在“美味大米”现场评比中，再次突围而出，荣获金奖。

## 市场喜人

为全面贯彻落实《湖南省2018年全省做优做强湘米产业实施方案》，湖南活力种业科技股份有限公司将玉晶91的市场推广与品牌建设作为2019～2021年核心工作。公司力争在粮食区域性品牌建设方面，将玉晶91打造成为代表湖南大米形象的省级品牌。

活力种业实行订单式生产，采用“种企 + 粮企 + 种植大户 ”的经营模式。努力将优质稻品种做大做强，充分发挥良种的增产作用，提高优质稻生产的经济效益，把产业优势转化为经济优势，推动“好种产好谷、好谷出好米、好米卖好价”的产业链。

该品种2018年种植面积超5万亩，合格稻谷均被广西、广东、福建、湖南的米业公司抢购一空。米业公司与合作社已经达成2019年合作订单30万亩，公司预计2020年合作订单150万亩以上，2021年超400万亩。以每亩增收300元来计算，3年将为农户增收17.4亿元。运营得当，该品种稻谷仍有较大升值空间，市场形势十分喜人。

黄为在田间查看品种试验情况

**黄为简介：**男，1969年出生，湖南常德津市人。从参加工作至今一直在湖南省农业科学院水稻研究所，主要从事水稻新品种选育工作。近15年以来主要选育早籼稻品种：株两优99、株两优729、株两优829、株两优929等。晚籼稻品种：爱华5号、T优277、H优7601、五优5013等。近年又主建设多个彩色稻基地：如韶山“主席故居”彩稻基地、益阳“乡村振兴 多彩赫山”基地、道县“周墩颐”故居、永州“伊人茶语”基地、浏阳镇头镇“奋斗2018”基地等。

# 助人湖边种花　回报浪漫“松雅”

## ——记松雅系列优质稻

袁万茂　吉映

2015年底的一天，闵军从长沙松雅湖湿地公园回到家，赶紧拿出笔，在纸上写下了“松雅”二字。此时，一个在他心中凝结多日的难题终于解开，他选育的优质水稻系列品种终于有了十分中意的名字。

### 巧得“松雅”

之所以取名“松雅”，不仅是因为此二字的雅致、脱俗，还源于闵军给予他人的一次帮助。

2015年初，位于长沙县星沙的松雅湖国家湿地公园处在建设初期，特别是环湖还是一片荒芜之地。周边的居民在这里种起了蔬菜，施用的有机肥等气味难闻，影响市民游玩。松雅湖国家湿地公园管理局工作人员想了很多办法制止，均无济于事。在长沙县开慧镇农办的引荐下，松雅湖国家湿地公园管理局的胡敏来到了湖南省农业科学院，找到了水稻育种专家闵军，希望他能帮忙种植一些耐旱的彩色水稻品种或找一些适宜花种，以便来年春天，花开松雅湖，同时还可以有效防止周边居民种菜。

在闵军的帮助下，胡敏在湖南农业大学园林园艺学院买到了适宜的花种。受胡敏之邀，闵军带着学生前往松雅湖参观考察。看着一波碧水的松雅湖，想象着退去一身荒凉后，花开绕湖的美景，闵军顿时灵感一动：何不把新育成的优质水稻材料定名为“松雅”呢，松雅湖的建设不正如水稻品种选育一样吗？经历前期艰难，终会蜕变成美好的模样。

于是，“松雅”系列品种正式得名。

**景食两用、红叶红米水稻品种——松雅 16**

## 十年一审

近 20 年来，我省高档优质常规晚稻研究开发成绩显著，而常规早籼稻却十年（2010～2019）没有新的品种通过审定。松雅早 1 号正是在早籼稻新品种告急之时，横空出世。

松雅早 1 号是湖南省水稻研究所选育的中熟早籼稻新品种。2009 年，闵军与其所在水稻项目研究组在长沙用湘早籼 45 号作母本，用湖南早籼材料 R8（湘早籼 32 号/华航 31）作父本杂交，经过 9 代定向选育定型稳定株系。该品种于 2019 年申请植物新品种权（申请号：20191004656），2020 年 3 月通过湖南省农作物品种审定委员审定（湘审稻 20200013），2021 年授权湖南金色农丰种业有限公司开发。

松雅早 1 号是籼型常规早稻中熟品种，在我省作中熟早稻栽培。该品种具有垩白低、米质好、丰产性较好、稳产性好、苗期耐低温能力强等特性。全生育期 110.8 天，株高 82.1 厘米，亩有效穗 24 万穗，每穗总粒数 98.2 粒，结实率 82%，千粒重 25.7 克。抗性：叶瘟 6.4 级，穗瘟 7.0 级，穗瘟损失率 5.0 级，稻瘟病综合抗性指数 5.9，白叶枯病 6.0 级。米质主要指标：糙米率 77%，精米率 63.7%，整精米率 52%，粒长 6.6 毫米，长宽比 3.3，垩白粒率 16%，垩白度 5%，透明度 1 级，碱消值 6.5 级，胶稠度 50 毫米，直链淀粉含量 18.3%。

该品种 2018 年参加湘种联合体早稻中熟组区域试验，平均亩产 513.6 千克；2019 年续试，平均亩产 476.4 千克；两年区域试验平均亩产 495 千克。2019 年生产试验，平均亩产 472.2 千克。

松雅早 1 号在 2020 年隆平稻作公园三一工程基地表现良好

## 创优香稻

中稻品种因米质欠优等问题，在过去很长一段时间不被市场热捧。针对此现状，闵军团队历时 10 年，在创制一批优异中稻种质资源的同时，着力培育出米质优良高整精米率的小粒型带有香味的中稻新品种。

2012 年，闵军团队在长沙用株系材料板仓 3 号（金穗 128/R86）作母本，用自选中籼材料株 101（湘晚籼 13 号/华航 31）作父本杂交。经过 9 代定向选育定型、稳定株系 17 号，取名为松雅 17。

松雅 17 于 2018 年参加湖南省联合品比试验，2019～2020 年在长沙、常德等地区及省水稻研究所基地试种。2019～2020 年参加潇湘联合体中稻迟熟二组（原一季晚稻组）试验，2021 年通过湖南省农作物品种审定委员审定（湘审稻 20210049）。

松雅 17 属于籼型常规中稻迟熟品种，在湖南省作一季稻栽培。该品种全生育期 116.8 天，株高 114.7 厘米，亩有效穗 17.8 万穗，每穗总粒数 175.6 粒，结实率 83.3%，千粒重 22.4 克。抗性：叶瘟 3.0 级，穗瘟 5.0

级，穗瘟损失率 2.7 级，稻瘟病综合抗性指数 3.4，白叶枯病 4.0 级，稻曲病，4.5 级。米质主要指标：糙米率 79.4%，精米率 71.7%，整精米率 64.3%，粒长 6.2 毫米，长宽比 3.2，垩白粒率 5.5%，垩白度 1.2%，透明度 2 级，碱消值 6.7 级，胶稠度 86 毫米，直链淀粉含量 13.7%。米质检测结果达到部颁标准二级优质米。2020 年稻米蒸煮食用品质感官评分 7.58 分。

该品种 2019 年参加潇湘联合体中稻迟熟二组区域试验，平均亩产 557.8 千克；2020 年续试，平均亩产 538.5 千克；两年区域试验平均亩产 548.2 千克，日产量 4.70 千克。2020 年生产试验，平均亩产 554.8 千克。



## “松雅”出彩

一方面，随着城市化进程的加快和旅游者消费需求的不断攀升，乡村旅游热潮正在全国各地形成，已成为一种新的旅游时尚；另一方面，功能稻米是指食用后除能提供维持人体需要的正常能量外，还具有补充营养、预防疾病等特殊功能大米。功能稻米，不仅丰富了人们的主食，还对促进人体健康和改善营养，起到重要的作用。黑米、紫米和红米等有色稻米不仅营养丰富，而且有良好的药用功能，自古以来作为滋补珍品，《食疗本草》《本草纲目》中都有记载。现代医学认为黑（紫）色食品营养丰富，且具有保健养颜抗衰防老的功能，故又有“长寿食品”之称。常称为神仙米、补血米、药米、月家米等。黑米、紫米和红米中含有丰富的蛋白质、氨基酸、植物脂肪、纤维素、维生素、核黄素和人体必需的微量元素锌、铜、铁、硒、钼、钙、锰等，还含有丰富的生物活性物质如黄酮、花青素、生物碱、甾醇、强心苷、β一胡萝卜素等。适当食用黑米、紫米和红米对促进营养素平衡，提高身体素质有着特别重要的意义，具有较高的食疗价值，极适合高端人群、孕妇、儿童和老年人食用。如何将水稻融入到乡村旅游与营养健康？这是闵军思考的问题。

闵军认为，产业化开发生态彩色稻米是水稻融入乡村旅游的一种重要方式。彩色水稻不仅具有观赏价值，旅游者还可以参与到农耕与民俗活动，亲身体验基地稻米生产过程。此外，通过旅游活动，游客可以了解到农耕文化所包含的传统稻米文明，感受丰富多彩的古老民俗，丰富阅历、增长见识。

闵军带领项目组于 2000 年起，便开始着手选育不同于颜色的彩色水稻。松雅 16 与松雅红糯是其重要的代表作。

2008 年，用红品种湘晚籼 12 号作母本，与抗逆性较好的优质米品种农香 98 杂交，经 4 代定向选择。2010 年选择其中优良单株作父本，以稳定定型的紫叶籼稻紫叶稻为母本进行杂交，经过 7 代定向选育定型，共有 16 个稳定的株系，选择第 16 个株系并命名为松雅 16。2019 年 1 月，松雅 16 申请了植物新品种权保护，松雅 16 糙米红色，叶片紫红色。

2009 年，用红品种“湘晚籼 12 号”作母本，与优质糯米品种糯 110 杂交，经 4 代定向选择。2012 年选择其中优良单株作父本，以稳定定型的“金穗 128”为母本进行杂交，经过 7 代定向选育定型，共有 4 个稳定的株系，选择 1 个株系并命名为松雅红糯。2021 年 1 月，松雅红糯参加湖南省种子协会组织的省联合品比试验，松雅红糯糙米红色，糯性好，叶片绿色。

## 后继有“稻”

在育种的道路上，闵军及其团队力求优质与高整精米率，育出的品种大部分都有香味。2018 年 3 月，水稻项目组把来源于金穗 128 后代的 6 个品系均申请了植物新品种保护：松雅 1 号（20181799.0）、松雅 2 号（20181798.0）、松雅 3 号（2018179.1）、松雅 4 号（20181796.2）、松雅 5 号（20181795.3）、松雅 6 号（20181805.1）、松雅 8 号（20191003599）、松雅 14 号（20191000118）、松雅 15 号（20191000119）。预计这些品种进一步参加中级试验，应用后前景无限。

如今的松雅湖，湖光倒影、花香迷漫，是全省最大的生态湿地湖泊。而闵军团队研发的松雅系列水稻品种，也逐步走进了人们的生活。通过“松雅”系列水稻品种，更多的农业生产者知道了松雅湖，而通过松雅湖，更多的人也知道了“松雅”系列水稻品种。每当看到松雅湖的不同的美，闵军时时告诫自己需要更加努力，研究出不同特色的松雅水稻品种，才能与松雅湖的美对称，与美丽雅致的松雅湖共成长。

# 从好奇到“传奇”的有色稻

## ——记湖南省农业科学院系列“有色稻”品种

袁万茂　吉映

随着生活水平的不断提高，人们已从吃得饱、求食味的初级阶段，开始转向营养、功能、食疗的新阶段。紫、黑米功能性特种稻的营养和保健功效也逐渐被人们认识并接受。

多年来，湖南省农业科学院水稻研究所致力于特种有色稻品种选育，晚籼紫宝、早籼黑宝、丽人紫、全紫稻等特种有色稻品种相继选育成功，并在市场上推广应用，成绩斐然。

## 好奇结缘有色稻

特种有色稻品种的选育，开创了湖南无色米品种审定的先河。作为主要选育人，湖南省水稻研究所彩色水稻研究专家闵军，对特种有色稻品种的认识有着一段特别的心路历程。

1999 年，当时还在湖南农业大学读大四的闵军正在湖南省农业科学院水稻研究所实习。端午节来临时，单位给每位员工发一包大米做节日福利，几名实习生也发了一份。

这是一包紫色大米，闵军从未见过。作为一名实习生，能收到这样特别的福利，很是珍惜，自已都没舍得吃。

后来，一位令他十分敬重的亲戚来到闵军家做客，他便将这份大米送给了亲戚，并告诉亲戚这是特别好的大米。

没过两天，这位亲戚便打来电话询问：你送的这个紫米不怎么好吃，像小麦子一样，硬硬的，要怎么煮才好吃啊？

为此，闵军专门请教了带他实习的张黎光老师。而紫米正是由张黎光主持选育，他告诉闵军：“紫米是糙米，目前最好的吃法就是煮稀饭”。

闵军将取来的“真经”马上告诉了亲戚。后来亲戚反馈说：“这个紫米煮稀饭特别黏稠，糯糯的，有奶香味，特别好吃。”

此时，闵军已开始对紫米产生兴趣，并隐隐觉得他将与这类特殊类型的稻米有不解之缘。

1999 年 7 月 1 日，是闵军上班的第一天。无比开心的他一清早就到了课题组办公室。看到办公室有些乱，他便整理、打扫起来。

在整理课题组黄海明老师办公桌时，他看到桌上有一个锥形玻璃瓶，瓶里装了紫米样品，好像与端午节发的福利米差不多。

等黄海明老师一到办公室，闵军便指着玻璃锥形瓶好奇地问道：“黄老师：请问这是紫米吗?”黄海明老师自豪地说：“是的。这是 97 紫，是张黎光老师研究出来的一个品种。这个瓶子里的大米已放了两年，品种刚出来时我便把它装在这个瓶子里了。”

闵军当时很纳闷，放两年的大米为什么不会变质发霉呢？黄海明老师马上告诉他：“第一是我用蜡烛把这个底部封住了，里面形成了真空状态；第二是紫米是糙米，很难变质。”

自此，闵军对糙紫米产生了更浓厚的兴趣。

兴趣促成行动。闵军找到张黎光老师要来了 97 紫的原始材料。2000 年，闵军便把 97 紫种在了试验田里。

他仔细观察，发现 97 紫的种子呈现紫黑色，米粒长长的像瓜子。它比一般水稻要高 10 多厘米，苗色、叶色呈绿色，叶片细，叶缘呈红色。抽穗开花时，它抽的“红尾巴”十分漂亮。水稻灌浆成熟时，稻穗颜色慢慢变为紫黑色。它的穗子着粒比较稀，只有七八十粒，粒形长。当年，闵军收了两斤紫色稻谷，这便是湖南“有色稻”的“祖先”了。

闵军与其研发的彩色稻

## 水稻界诞生“有色王国”

21 年来，闵军已用这些“有色稻”的“祖先”选育出了众多优秀的有色稻品种。晚籼紫宝、早籼黑宝、丽人紫、彩慧黑糯、紫气东来等便是他的“代表作”。

有关于晚籼紫宝的故事，可以从 2004 年说起。2004 年，项目组在长沙用长粒型优质稻材料晚 205 作母本，紫米稻 97 紫作父本进行杂交，经长沙与三亚择优种植定向选择，加代培育，于 2009 年秋季于长沙定型，命名为晚籼紫宝。2010～2011 年，针对该品种，项目组分别在长沙安排了品比试验，2012～2013 年该品系参加湖南省种子管理站组织的特种稻生产示范与区试筛选试验，2012 年进行了专家现场测验评议，2013 年在湖南长沙县种植近 300 亩。2013 年在湖南省农产品质量检验检测中心进行转基因检测，2014 年 5 月通过湖南省农作物品种审定委员会审定（湘审稻 2014020）。2012 年 9 月 5 日，湖南省种子管局组织湖南省内有关专家，对晚籼紫宝在长沙县榔梨镇龙华村的生产示范现场进行了考察。专家组认为，该品系田间生长整齐，茎秆较细，耐肥抗倒力一般。长势繁茂，分蘖力强，株型集散适中，剑叶直立，半叶下禾，后期落色好。穗型较大，着粒较密，长粒形，稃尖无芒，成熟时谷壳由紫褐色转成黄褐色，糙米紫黑色，籽粒饱满。田间无明显病虫危害。现场取样考种发现，该品种每亩有效穗数 16.08 万，平均每穗总粒数 169.1 粒，平均每穗实粒数 149.8 粒，结实率 88.6%，千粒重 26.0 克，理论产量 626.3 千克/亩，按照八五折计算，平均产量为 532.4 千克/亩。

早籼黑宝是湖南省水稻研究所选育的常规黑米稻，目前已经申请植物新品种保护，申请号 20161445.9。2001 年，项目组以 97 紫为母本，早稻株系材料早 223 为父本进行杂交，2007 年亲本来源 97 紫/早 223（备注：97 紫，来源于湖南省水稻研究所资源库；早 223——湘早籼 31 号/湘丰早 119。2007 年在海南用紫米品种 97 紫作母本，与早籼稻品种早 223 杂交，经多代定向选择稳定定型，并命名为早籼黑宝。2011 年参加项目组品比试验，2012～2013 年参加湖南省预备试验。2014～2016 年在湖南省 14 个试验点进行小面积生产试验。可惜该品种因为稻瘟病抗性不佳，未通过审定。该品种经原农业部稻米及制品质量监督检验测试中心检测：铁含量 7.9 毫克/千克，是检出限（0.05）的 158 倍；锌含量 25.4 毫克/千克，是检出限的（0.4）63.5 倍；硒含量 0.18 毫克/千克，是检出限的 600 倍；均为普通白米对应含量的 5～10 倍。糙米呈紫黑色，黑色度含量 96%，黑米色素含量 1.52%，整黑米率 94.4%，直链淀粉含量 2.8%，碱消值 3.2 级，蛋白质含量 16.9%。该品种一般产量 400～450 千克/亩，相当于湘早籼 45 号。2012 年在长沙县示范产量 446.85 千克/亩，湘潭示范 388.61 千克/亩。2013～2016 年试验，在湖南作早稻栽培，生育期 108～112 天。株高 90 厘米左右，茎秆坚韧，株形较紧，生长整齐，叶姿直立，叶片绿色、叶鞘紫色，稃尖紫色，无芒，叶下禾。一般每亩有效穗数 20 万，每穗总粒数 95 粒，结实率 75%左右，千粒重 24.5 克。

早籼黑宝，黑米香稻

丽人紫2013年通过海南省审定（审定编号：琼审稻2013019）。米质达到国标一等优质黑糯标准。亲本来源：紫米132/优丰162，其中紫米132来源于97紫后代。该品种2009年在海南三亚小区品比试验，平均单产353.5千克/亩，比对照汕优63减产8.8%；2010年在海南三亚小区品比试验，平均单产391.8千克/亩，比对照汕优63减产11.5%。2011～2012年在湖南小面积生产示范350～430千克/亩。大面积栽培一般380千克/亩左右。2013年在海南三亚南滨农场小面积生产360千克/亩。海南种植一般亩产350千克，湖南大面积一般亩产300～400千克。该品种2012年在湖南长沙5月25日播种，全生育期123天。2013年在湖南长沙6月15日播种，全生育期120天。2012年在海南三亚12月15日播种，全生育期120天。2011～2012年在海南屯昌、永发、儋州试验点种植，全生育期119～120天。2012年经原农业部稻米及制品质量监督检验测试中心检测：米质达到国标一等优质黑糯米标准。黑色度91%、黑米色素1.02%、整黑米率97.7%、直链淀粉含量1.8%、碱消值7.0级、蛋白质含量13.4%。该品种在海南三亚种植，株高110厘米左右，叶色深绿带有紫边，穗长27厘米左右，每亩有效穗数18.0万，每穗总粒数116.0粒，结实率85.0%。谷粒长8.2毫米左右，长宽比3.5，千粒重25.0克左右。2013年4月23日，海南省第四届农作物品种审定委员会审定办公室组织专家现场测产评议，现场试种糯稻丽人紫面积1.7亩，田间表现整齐度较好，穗型较长，长粒形谷粒，稃尖无芒，谷壳紫褐色，糙米紫黑色。田间无明显病虫危害。专家组在试种现场随机设点调查并取样考种，结果表明，该品种平均株高约 110 厘米，每亩有效穗数 18.0 万，平均每穗总粒数 116.0 粒，平均每穗实粒数 102.5 粒，结实率 88.4%，千粒重 25.0 克，理论产量 461.25 千克/亩。

**丽人紫——一等优质紫米稻**

彩慧黑糯的亲本来源是湘晚籼 12 号/糯 110。2011 年，项目组用分蘖力强、红米品种湘晚籼 12 号作母本，与株型较矮的糯 110（其中糯 110 来源于 97 紫），经过 7 代定向选育定型，并命名为彩慧黑糯。2014～2015 年在湖南湘乡东郊乡、韶山、长沙县开慧镇基地试种。2017 年参加湖南省种子协会组织的湖南省水稻联合品比试验，2018 年参加湖南省种子协会组织的多点品比试验。2018 年在长沙、湘潭、岳阳、永州、衡阳等地进行小面积示范。2018 年在农业部农产品及转基因产品质量安全监督检验测试中心（杭州）进行非转基因检测，结论：样品彩慧黑糯中检测出水稻成分，未检测出 CaMV35S 启动子、NOD 终止子、Bar 基因、Bt 基因、HPT 基因，检测结果为阴性。2019 年 1 月在中国水稻研究所进行了 DNA 指纹图谱检测。2018 年 9 月在浏阳北盛镇环园村进行了专家现场评议。2019 年通过湖南省农作物品种审定委员审定（湘审稻 20190077）。该品种属籼型常规晚稻中熟。全生育期 112.8 天，比对照岳优 9113 短 1.5 天。株高 108.8 厘米，每亩有效穗 20.8 万穗，每穗总粒数 133.2 粒，结实率 88.0%，千粒重 21.5 克。抗性：叶瘟 3.7 级，穗瘟 6.3 级，穗瘟损失率 3.6 级，稻瘟病综合抗性指数 4.3，白叶枯病 5.0 级，稻曲病 5.0 级。米质主要指标：糙米率 75.4%，精米率 68.5%，整精米率 51.2%，粒长 7.2 毫米，长宽比 3.4，碱消值 6.0 级，胶稠度 100 毫米，直链淀粉含量 1.9%。2017 年参加湖南省水稻联合品比试验晚稻中熟组试验，平均亩产 496.07 千克，比对照岳优 9113 减产 10.08%；2018 年参加湖南省种子协会组织的多点品比试验，平均亩产 516.93 千克，比对照岳优 9113 减产 8.63%；两年试验平均亩产 506.4 千克，比对照减产 9.36%。

紫气东来为湖南省水稻研究所选育的常规紫叶紫米稻，目前已经申请植物新品种保护，申请号 20191003620。亲本来源是全紫稻/金穗 128。（其中全紫稻申请保护号 20160681.4）。2011 年在长沙用全紫稻（湘晚籼 12 号/紫香糯//紫叶指示稻）作母本，用自选籼稻品种金穗 128 作父本杂交。经过 8 代定向选育定型大米带有紫色、叶片紫色的株系，取名为紫气东来。2016～2017 年在湖南长沙、常德等地乡及省水稻所基地试种，2018 年进行小面积示范。2016～2018 年小面积试验示范，平均亩产 300～350 千克。2016～2018 年试验，在湖南作晚稻栽培，生育期 120～125 天。2018 年 12 月经检测，该品种为糙米紫色 ，糙米率 82.1%、精米率 67.4%、整精米率 60%、粒长 7.2 毫米、长宽比 3.5、糯米品种。该品种株高 11 厘米，株型较紧，生长整齐，叶姿直立，叶片紫色、叶鞘紫色，稃尖紫色，无芒，叶下禾。一般亩有效穗数 15.9 万，每穗总粒数 192.2 粒，结实率 75%左右，千粒重 25.5 克左右。

## 彩色水稻未来可期

目前晚籼紫宝等有色稻已经在湖南省多家特色产业园区开发利用，已开发出城头山紫米、紫鹊界贡米、粮田紫米、板仓彩米等主要产品。以该品种为基础在长沙县开慧镇建立了彩色稻生产基地，该基地成为乡村生态休闲基地；在常德澧县建立了城头山紫米生产基地，“城头山大米”获得了国家地理标志；湘乡市茅浒水乡特种稻基地成为“湖南同心工程”项目核心观摩基地。

晚籼紫宝、丽人紫等不仅可加工为彩色大米，而且可以深加工为黑

（紫）色系列食品有黑（紫）米保健茶、黑（紫）米酒、米粉、粉丝、保健饮料等。另外，从色米产品中提取的色素的稳定性、安全性、色调性均好，是理想的食品添加剂。如有度、有序地深度开发该品种，将具有广阔的利用前景。

# 二、稻道湘通

## 千里“稻”缘“一路”牵

### ——记“一带一路”的种业担当袁氏高科团队

袁万茂　闵军

在大多数种子企业聚焦国内激烈竞争的市场红海时，有一家种子企业却独辟蹊径，将主要精力集中在杂交水稻的海外推广，借助国家“一带一路”倡议，将杂交水稻推广至全球19个国家，20多个品种通过外国审定，这家企业就是袁氏高科技有限公司（后称“袁氏高科”）。近日，记者走近袁氏高科，探寻公司海外业务成功的奥秘。

袁氏高科2000年成立，致力杂交水稻海外推广，现已成为湖南省杂交水稻种子出口量最大的企业。

袁氏高科杂交水稻推广的客户既有水稻传统种植区的，还遍及东南亚、南亚和非洲的19个国家，是目前客户范围最广、海外审定品种数最多的中国杂交水稻企业。

近年来，袁氏高科沿“丝绸之路经济带”和“21世纪海上丝绸之路”稳步推广杂交水稻，与沿线各个国家政府、企业建立了良好合作关系。尤其是借“21世纪海上丝绸之路”，开拓了非洲市场，为非洲粮食安全问题提供解决途径。在非洲马达加斯加、尼日利亚、肯尼亚探索非洲农业投资项目可持续发展模式。

### 在马达加斯加十年耕耘结出硕果

马达加斯加是非洲第一大岛国，长期处于缺粮状态，粮食严重依赖进口，是全球营养不良人口比例最高的国家之一。但其降雨丰富，气候温和，劳动力充足，可耕地 3 000 多万公顷，可耕地利用率仅 10%，农业发展潜力巨大。从 2008 年起，袁氏高科以实施中国援助马达加斯加农业技术示范项目为契机，成立海外子公司袁氏马达加斯加农业发展有限公司，承接中国–马达加斯加农业技术示范中心的后续商业运营。袁氏高科派驻的中国员工，包括农业技术、营销推广、综合管理等多方面的人才。他们带领该国农民从零基础做起，通过高产示范—种植推广—本地化制种逐步推开，充分利用袁氏高科技术品牌和国际影响力，与该国农业相关部门竭诚合作，全力推广杂交水稻。

经过 10 年努力，袁氏高科已经在马达加斯加的 22 个大区试验推广中国杂交水稻，累计推广总面积超过 3 万公顷，在该国审定杂交水稻品种 5 个，建成 50 公顷的制种基地和年产 6 000 吨的大米加工厂，成为首个在非洲实现杂交水稻育种、制种、种植、加工、销售及出口全产业链覆盖的中国农业企业。2016 年，公司借助杂交水稻推广平台，引入木薯种植加工、育肥羊肉加工等产业板块，成立了马达加斯加第一家农业产业园，形成了以杂交水稻为主导的农业综合运营体系，有效提升了海外优势农业资源的利用效率。

**2021 年，袁氏种业高科技有限公司马达加斯加马义奇基地高产示范收割现场，当地农民给高产品种发出点赞**

在产业链建立的同时，马达加斯加政府对杂交水稻及其所代表的中国农业力量的重视度也不断提升。通过在该国的多年推广示范，杂交水稻表现出的高产优质、抗旱抗涝使得该国政府充分意识到大面积推广杂交水稻，是实现粮食自给的最佳选择。

2017 年 9 月袁氏高科与马达加斯加政府签订《杂交水稻发展备忘录》，正式宣布袁氏高科从国家战略层进行杂交水稻推广，该国政府制定了相配套的举措，成立专项小组与袁氏高科共同推动杂交水稻发展。2019 年袁氏高科与国家杂交水稻工程技术研究中心在马达加斯加挂牌成立“国家杂交水稻工程技术研究中心非洲科研中心”，作为非盈利公益机构，发展杂交水稻。

在中国驻马达加斯加大使馆、经商处、湖南省农业农村厅、商务厅等多部门的共同协助下，杂交水稻推广终于在 2018 年成为马达加斯加政府基本国策。这是袁氏高科的骄傲成绩，也是中国杂交水稻的骄傲成绩。

**2019 年，袁氏种业高科技有限公司在马达加斯加马义奇开展高产示范**

## 与李氏集团开拓尼日利亚市场

2016 年袁氏高科与尼日利亚最大的华商企业李氏集团就在尼日利亚推广杂交水稻项目签订了《战略合作意向书》。通过在卡诺州、吉嘎瓦州等地三季的成功试种，袁氏高科已经从众多的品种资源中成功筛选出了 4 个表现较好的品种，其平均产量达到 7.5 吨/公顷，最高产量达到 9 吨/公顷，对比当地品种高出 100%以上，米质及抗性等方面也优于当地品种，适宜尼日利亚大规模推广。

2019 年袁氏高科与李氏集团将成立合资公司，计划在灌溉区购买土地 20 000公顷进行杂交水稻种植，实现在尼日利亚的杂交水稻大规模推广。目前确认 2019～2020 年在 Jigawa 州购买5 000公顷土地作为第一期项目用地。

在“走出去”的同时，袁氏高科也高度重视“引进来”。袁氏高科多次接待尼日利亚农业部官员和州政府官员来长沙考察长沙县示范基地和浏阳制种。考察过程中，袁氏高科基地的农民在农业技术上面的先进水平让官员们感觉惊奇，看到无人机施药已经广泛应用在制种基地上，Jigawa 州的副州长连连点赞，农业部门的官员还忍不住坐上农民正在驾驶的插秧机体验一番。

对湖南杂交水稻产业现场考察后，尼日利亚官员对发展杂交水稻充满了信心，对未来解决粮食安全问题充满了信心。

## 在肯尼亚初试身手，未来可期

2017 年袁氏高科与中非联合研究中心达成战略合作，在肯尼亚进行杂交水稻的品比工作，从众多的品种资源中成功筛选出了 3 个表现较好的品种，其产量比当地品种高出 1 倍以上，食味品质及抗逆性等方面也优于当地品种。

2018 年 12 月，袁氏高科联合中科院中非联合研究中心在肯尼亚乔莫肯雅塔农业科技大学联合举办非洲农业技术管理人员短期研修班，来自肯尼亚、埃及、埃塞俄比亚、坦桑尼亚、马达加斯加、赞比亚、布隆迪、南非、几内亚、喀麦隆等十个国家的 42 名农业技术骨干与科研专家参与了此次培训。

来自马达加斯加塔那那利佛大学农学院的 Jean 教授在课上解读了袁氏高科在马达加斯加推广杂交水稻的模式，同时肯定了袁氏高科在肯尼亚试验田。在 Mwea 的试验田中，Jean 教授仔细对比了公司的杂交水稻品种与来自国际水稻所的品种，在同等栽培条件下，公司的品种无论在分蘖力还是结实率上都更具有优势。

未来公司将协助肯尼亚成立国家水稻技术中心，以推进肯尼亚杂交水稻产业链的发展。在品种适应性试验的基础上，开展品种区试与认证工作。

多年的深耕不辍，袁氏高科在非洲经历了杂交水稻示范、推广、本土化生产、国家政策支持的成长之路。“利用我国所长、开发非洲所有、满足双方所需”，这是中国民营企业对于“一带一路”合作倡议的实践，是落实农业“走出去”的举措，也是中非合作从政府项目走向商业运作的必然选择。我们有理由相信，袁氏高科在非洲的杂交水稻项目运营将为湖南农业走出去书写浓墨重彩的一笔，为带动我国农业对非投资发挥先锋和骨干作用。

未来袁氏高科将始终秉承“植根华夏沃土，服务全球市场”的企业宗旨，践行袁隆平院士的“推广杂交水稻，造福世界人民”理念，实现杂交水稻事业基业长青。

**袁氏高科简介：**袁氏高科以袁隆平院士为旗帜，以国家杂交水稻工程技术研究中心华东分中心为依托，通过自主研发、创新和有偿引进等方式，采取常规育种和分子育种等方法，不断选育高产、优质、多抗杂交水稻新品种，充分发挥和广泛利用我国在杂交水稻领域的综合优势，服务于国内外市场。公司现有各类专业技术人员30余人，85%以上具有本科学历，其中博士、硕士6人，高、中级技术职称专业技术人员12人，在公司董事长袁定安先生等多位专家型领导的带领下，袁氏的科研技术始终走在国际杂交水稻领域前沿，其核心技术在国内外市场得到广泛应用。

# 打破试验容量不足　种企联合蓬勃发展

## ——记湘种与潇湘企业联合体的由来与发展

闵军　毛水彩　毛炎

品种审定试验是种业关注的焦点。近年来，品种参试需求剧增，试验体系容量严重不足已然成了种业界的主要矛盾。为破解此矛盾，2015 年 11 月 6 日，原农业部办公厅下发《关于进一步改进完善品种试验审定工作的通知》（农办种〔2015〕41 号），鼓励和支持具备试验能力的企业联合体、科企联合体和科研单位联合体等可组织开展品种试验。

作为水稻生产大省的湖南，拥有上百家育种科研单位与企业，每年选育成型的水稻新品种近千个。近几年，为打破试验容量不足，湖南率先组建了“湘种联合体”与“潇湘联合体”两大企业联合体，并逐步得到了完善与发展。

胡培松院士（左四）作为考察组组长检查试验田间现场

# 确立两大联合体

湖南省“湘种联合体”与“潇湘联合体”两大企业联合体于 2016 年 3 月 17 日获原湖南省农业委员会批准，正式开展水稻品种试验工作。它们的组建并非偶然，而是得到了政策的充分支持，以及企业的积极参与。

2015～2016 年期间，原湖南省农业委员会针对试验容量不足问题，打破常规，采取了两大创新措施：一是委托湖南省种子协会开展湖南省水稻联合品比试验；二是按照《种子法》的规定，根据原农业部《主要农作物品种审定管理办法》要求，制定品种试验条件要求和技术标准，允许具有自有品种和试验条件的独立法人单位组成了“湘种联合体”与“潇湘联合体”，并将企业联合体自愿联合开展水稻品种试验纳入湖南品种审定试验统一管理。

2015 年 11 月 15 日，湖南省种子协会召开种业技术培训大会，特别邀请了中国水稻研究所杨仕华老师讲解“联合体试验”的背景与具体操作。杨仕华老师的讲解令参会企业心潮澎湃。会后，湖南佳和种业、湖南金源种业、湖南正隆农业、湖南鑫盛华丰种业、湖南湘穗种业的 5 个负责人便聚在了一起，初步组织确立了以湖南佳和种业股份有限公司为牵头单位，其董事长杨翠国为牵头人的第一个企业联合体。2016 年 1 月 2 日，湖南省种子协会召开副理事长会议，确定了以袁隆平农业高科技股份有限公司为牵头单位，理事长龙和平为牵头人的第二个企业联合体从事水稻试验，试验委托湖南省种子协会试验部统一管理。

为了更好地区分两个联合体，经过再三思量，分别取了“湘种联合体”（隆平高科牵头）和“潇湘联合体”（佳和种业牵头）两个名称。凑巧的是，在制作试验部牌匾时，上面是潇湘与湘种，下面联合体试验部，潇湘加湘种横竖念均可，让人感觉别出心裁。

专家开展试验考察与现场评议

## 坚守12条试验准则

两个联合体组建之后，便火速制定了详细的试验方案，并于2016年2月向原湖南省农业委员会提交了试验申请。同年3月，原湖南省农业委员会召开了专家论证会议，最后颁发了同意开展试验的文件。在2016～2019年实施过程中，联合体一直坚守着如下12条试验准则。

1. 委托第三方主持试验

两个联合体均为企业联合体，均委托第三方单位湖南省种子协会主持试验。两个牵头单位与责任人不干涉、管理试验。

2. 成立试验部，聘请专家作为专职试验员

湖南省种子协会成立了试验部，聘请闵军、毛炎等4人为专职试验员。全面负责企业联合体的试验设计、试点安排、申请表格受理、试验种子收发、考察组织、试点协调、总结汇总、试验信息交流、试验特殊情况的处理等。

3. 申报与发布试验方案

每年年初按照湖南省农作物品种审定委员会办公室规定的时间，制定试验方案，并呈报湖南省农业农村厅批复向社会发布。

4. 与试验点签订合同，明确责任

湖南省种子协会试验部与14个试验承担点签订试验合同，各点明确专

人负责，明确试验规模与责任；试验人员签订保证试验公正、公平性的承诺书，14 个试验点有 10 个同于湖南省统一试验点。

5. 实行品种实名制，田间标示试验品种

所有试验品种分发种子时编码，但密码在抽穗后公开，并在齐穗后统一由协会扦插田间参试品种标示牌。标示牌上标明品种名称、参试组别、试验编号、申请编号。同时接受各参试单位及个人田间观摩。

6. 设立现场考察，增强试验透明化

分别于试验各季水稻收割前 3～7 天，由湖南省种子协会邀请湖南省农作物品种审定委员会专家、湖南省农业农村厅、试验牵头单位、品种参试单位相关代表到各试验点现场考察与评价。

7. 实施开放周，明确考察纪律

各季水稻收割前 10～15 天，湖南省种子协会发出专项通知，告知开放周试验点与联系人，各参试单位与育种家在某个时间段，可自行组织到试验点进行现场考察。但明确考察纪律：主动向开放点工作人员登记考察人员信息；无任何干扰承试人员独立、规范开展试验工作的行为；不向承试单位和承试人员询问试验和品种表现等情况，不向承试人员索取试验结果全力维护试验的客观公开。杜绝一切影响试验公正性的行为。

8. 合理监管测产

分别于各点各期试验成熟时期，湖南省种子协会试验部征集参试单位意见进行两盒测产，同时邀请部分市州种子管理站人员监管各试验点水稻成熟后的收割称量。

9. 保存试验样品，防止更名换种

试验收取试验种子之外，还需要交 1 包种子作为保留种。保存种一则可以作为标准样品保存，以便大田试验有出错可查；二则可以防止参加试验单位对进一步试验更名换种。

10. 及时汇总与发布试验总结

早稻一般安排在年 11 月 1 日前，中稻在 12 月 15 日前，晚稻在 12 月 30 日前，试验部组织各点人员集中数据汇总。并及时发湖南省农作物品种审定委员会审核，并及时向社会公布。

11. 试验全程接受管理部门监督

试验部与各试验点随时接受湖南省农作物品种审定委员会办公室、委员专家及湖南省种子管理、服务部门等单位检查与监督。

12. 科学保存与发放试验资料

“湘种”与“潇湘”联合体水稻品种试验所有资料、图片、会议与领导专家考察等文件、图片与影像资料均按照制度建立档案、存湖南省种子协会保管。完成两年度试验后，可以申报审定的品种试验部分品种分发资料袋，资料袋中有与申报审定需要的全部测试报告。

## 首创联合试验商标

在2016～2018年，两大联合体前后共组织了9次大型考察活动，多的时候聚集了湖南近50%的水稻育种家参加考察活动，效果非凡。

因考虑到“湘种”与“潇湘”联合体共有湖南28家企业参加，所有的活动是群策群力。湖南省种子协会试验部进行了集体商标申请。图形设计的用三粒不同大小的水稻种子放在一起。“稻种”是关于水稻的试验，不同大小的“三粒”，寓意不同类型的品种，放在一起意味比较，图形设计简单，寓意稻种选优。

2018年7月28日，这两项集体商标，均获得商标注册证（湘种联合体：第24118097号；潇湘联合体：第24118096号），商标权属于湖南省种子协会。商标核定使用项目为技术研究，替他人研究和开发新产品，技术项目研究，科学研究，生物学研究，质量检测等（国际分类42）。这在全国联合体试验中属于首创。

2016年两个联合体共有参试品种208个，2017年310个，2018年324，2019年初步统计为330个。两个企业联合体在原农业部种业管理司、全国农业技术推广服务中心区试处、湖南省农业农村厅种业管理处、湖南省种子管理服务站、湖南省农作物良种引进示范中心等单位的关心关怀下，健康成长。十分幸运的是：2018年共审定38个水稻品种，2019年审定69个水稻品种。央视首部全景式反映中国农业现代化进程的纪录片《大国根基》第二集，有拍摄“湘种联合体”水稻试验视频。把湖南的企业联合体试验推向全国。

## 湘种联合体联盟单位

| | 联合体单位 |
|---|---|
| 1 | 袁隆平农业高科技股份有限公司 |
| 2 | 湖南希望种业科技股份有限公司 |
| 3 | 湖南科裕隆种业有限公司 |
| 4 | 湖南奥谱隆科技股份有限公司 |
| 5 | 湖南桃花源农业科技股份有限公司 |
| 6 | 湖南金健种业科技有限公司 |
| 7 | 湖南优至种业有限公司 |
| 8 | 湖南恒德种业科技有限公司 |
| 9 | 湖南年丰种业科技有限公司 |
| 10 | 湖南金色农丰种业有限公司 |
| 11 | 湖南洞庭高科种业股份有限公司 |
| 12 | 袁氏种业高科技有限公司 |
| 13 | 湖南宽和仁农业发展有限公司 |

## 潇湘联合体联盟单位

| | 联合体单位 |
|---|---|
| 1 | 湖南佳和种业股份有限公司 |
| 2 | 湖南鑫盛华丰种业科技有限公司 |
| 3 | 湖南正隆农业科技有限公司 |
| 4 | 湖南金源种业有限公司 |
| 5 | 湖南湘穗种业有限责任公司 |
| 6 | 湖南金色农华种业科技有限公司 |
| 7 | 湖南泰邦农业科技股份有限公司 |
| 8 | 湖南省春云农业科技股份有限公司 |
| 9 | 湖南袁创超级稻技术有限公司 |
| 10 | 长沙利诚种业有限公司 |
| 11 | 湖南穗香大地种业有限公司 |
| 12 | 益阳市惠民种业科技有限公司 |
| 13 | 湖南大地种业有限责任公司 |
| 14 | 湖南永益农业科技发展有限公司 |
| 15 | 湖南北大荒种业科技有限责任公司 |

# 探秘湖南水稻“双新会”

## ——访湖南省种子协会负责人

袁万茂　吉映

地处中部的湖南有一个水稻“双新会”，短短3年时间，就打造成为全国水稻种业科研机构和种子企业推广新品种与新技术的重要平台，成为湖南乃至周边省份种粮大户选择水稻品种，学习生产技术的重要场所，被种植户称为“水稻品种超市”。

湖南农作物（水稻）新品种新技术展示会（以下简称“双新会”）为何能在6年时间打造成为一场盛会？“双新会”的背后有哪些不为人知的故事？2019年，我们采访了湖南省种子协会会长龙和平、常务副会长易国良、秘书长闵军。

世界杂交水稻之父、袁隆平院士出席“双新会”

## 创特色务实平台

任湖南省种子协会秘书长前，闵军是湖南省农业科学院水稻研究所的一名潜心科研的育种专家，承担过省里的水稻品种区试协调工作，2014 年服务过全国种子“双交会”展示基地。“如何将‘双新会’这一协会主要工作做出湖南特色，这是当时我与协会几位主要领导思考的问题。”闵军说。

湖南省种子协会始终坚持协会的职责就是做服务，充当企业与政府的桥梁，一切需以“服务企业，壮大企业”为宗旨。

“做好服务，就要加快良种与新技术推广与应用，提高良种与技术的覆盖率和贡献率，帮助农民选择良种、应用良法，确保粮食生产安全。”闵军坚定地表示。因此，“双新会”工作开展以来，在集中展示长江中下游种子企业与科研单位的种子创新科技成果的同时，协会还利用各类资源，全力推介参展企业主打品种，宣传展示产品，举办经销商现场会，帮助企业推广新品种与新技术。

2016～2019 年，“双新会”成绩斐然。2016 年展示面积共有 138 亩，51 家单位参展，展出水稻品种 238 个。2017 年展示面积共有 300 亩，89 家单位参展，展出水稻品种 588 个。2018 年展示面积共有 300 亩，81 家单位参展，展出水稻品种 535 个，2019 年参展单位超过 100 家。

“双新会”展示的不仅仅是品种，氮高效栽培技术、印刷播种技术、“三定”栽培技术、穗期均衡施肥、优质稻防倒伏技术、机插机播等先进的栽培技术也是重点展示内容。

“我们在秧苗移栽后，插上品种标示牌，便于大家来观摩。”闵军表示，这 3 年来，展示现场吸引了水稻领域大量专家、学者前来交流，也吸引了参展企业、经销商、种粮合作社、大户代表等到现场观摩。

有了好的展示平台，还得加强品牌宣传。2017～2018 年，结合浏阳北盛基地展示的水稻品种，湖南省种子协会特邀省农业农村厅、省农科院、长沙市农委、隆平高科等单位的 9 名专家，2017 年评选 38 个“明星”品种，2018 年评选 42 个“明星”品种。这不仅让企业有了创先争优的氛围，也让农民在选购品种时有了方向。

2019 年“双新会”观摩启动现场

## 集六大优势办展

湖南省种子协会会展部认为，“双新会”的成功不是偶然。除了有超前的创新服务思维，湖南在水稻领域的丰富资源也是“双新会”成功举办的基础。

水稻是湖南省第一大农作物，近 5 年每年粮食总产量连续突破 300 亿千克，播种面积和总产分居全国第一、二位。

我省作为杂交水稻发源地，有着强大的科研支撑。袁隆平院士被誉为“世界杂交水稻之父”，是首届国家最高科技奖获得者；其杂交水稻技术成果获第一个国家发明特等奖和农业领域唯一国家科技进步特等奖；袁隆平杂交水稻创新团队获国家科技进步创新团队奖。另外，我省还涌现了一批以杨远柱为代表的商业化育种科研领军人才。

不仅如此，继国家杂交水稻工程技术研究中心之后，杂交水稻国家重点实验室、水稻国家工程实验室、国家水稻分子育种平台等落户我省。高产育种攻关相继突破亩产 700、800、900、1 000、1 100、1 200 千克大关，并创造了亩产 1 203.36 千克世界纪录。

实力体现在审定通过的品种上面。2019 年，410 个国审水稻品种中，有 196 个是湖南选育的。而近年湖南省审定的 716 个品种中，有 58 个属于优质稻品种，7 个获评全国优质籼稻金奖，占获评籼稻金奖的 30%。

此外，湖南拥有 8 个国家级制种基地县，常年制种 40 万亩，占全国

30%，年产良种 8 000万千克，除满足本省用种外，向省（境）外供种3 500万千克，是产销第一大省。

“我省的水稻种子企业资源非常强大。”闵军说。目前，湖南省级水稻企业 43 家，其中“育繁推一体化”企业 6 家，AAA 级企业 24 家，占全国的 20%，5 家企业销售额进入全国二十强，隆平高科市场份额占全国的30%，居全球之首，成为中国种业第一强，全球种业第八强。

## 展星城稻都风采

作为湖南的省会长沙，更是湖南水稻资源的聚焦区。

长沙现有耕地 26 万公顷，200 亩以上的种植大户6 000户以上，常年粮食种植面积 35 万公顷，其中水稻播种面积 34 万公顷。在现有的种子企业中，长沙地区拥有各类（水稻、蔬菜、油菜、棉花）种子企业 58 家，其中大部分以水稻为主。湖南粮食集团、隆平高科等大型企业均位于长沙市内。湖南农科院、湖南农大等科研院校均位于长沙市境内，世界杂交水稻之父“袁隆平”、官春云院士、邹学校院士、柏连阳院士、单杨院士、陈立云、杨远柱等大批科学家在长沙市内工作。

这么多的优质资源汇集于此，2016 年时任长沙市农委种子管理处处长的刘伟健思绪万千。如何充分将这些资源整合应用，发挥其潜在的作用?刘伟健觉得，组织长沙市内企业搞好种业展示平台是个不错的选择。

“办‘双新会’有一些潜在的机缘。”闵军笑着说。2016 年刘伟健来到湖南省种子协会商议办展会事宜时，恰逢隆平高科、希望种业、科裕隆种业、桃花源种业、奥普隆种业 5 家湖南省水稻育繁推一体化企业接到原农业部通知，需要把近年审定的品种进行展示，这一任务也委托湖南省种子协会承办。

于是，在湖南省种子协会会长龙和平、执行会长易国良的极力推动下，湖南省种子协会与长沙市农委种子管理处共同制定方案。在给展示会定名时，也是煞费苦心。“种子展示会”“种子双交会”“种子交流会”……提议众多。当时，闵军提出用“双新会”，有位益阳籍种业企代表说“双新会”以益阳话说是“伤心会”而表示反对。

几经商讨后，展示会初步定名为“湖南长沙种子新品种与新技术交流会”，并设计了交流会 LOGO。LOGO 由稻穗、辣椒、叶子、星星四个元素组成。两串稻穗代表了湖南核心作物水稻；辣椒代表湖南特色蔬菜；四片叶子寓意着湖南各色农作物百花齐放，欣欣向荣；星星代表科技之光，技术之要，两颗星星代表“双新”闪耀，寓意着湖南种业不断创新，不断突破。

做足了前期准备，湖南省种子协会与长沙市农委种子管理处派代表把方案送湖南省农业委员会。时任湖南省农委种子处处长的许靖波与副处长李稳香全力指导并完善了实施方案，并将湖南长沙种子新品种与新技术展示中的“种子”修改为“农作物”，把水稻与蔬菜分开，湖南长沙农作物（水稻）新品种与新技术展示会正式定名。2016 年，在长沙市农委祁平处长等的大力支持下，完成第一届“双新会”。并于 2016 年 9 月 18 日得到袁隆平院士的亲笔题词：“双新”展示会，有“种”你就来！

## 筑“种业硅谷”基石

建设水稻展示基地，主办新品种与新技术展示交流会，旨在打通上下游产业链，促进信息交流，推动行业有序发展，提高种业的竞争力。

“我们要站高位置，要立志把‘双新会’办成全国瞩目、世界关注的农作物品种展台、文化展台与思想展台。”龙和平会长在双新会总结会上说。

实现这样的目标，不能只有一句空口号，对此，湖南省种子协会专门成立会展部，做了一系列详细的部署：每年召开 1～2 次集中观摩会，一季稻包括中稻与一季晚稻，观摩时间是 9 月 18～28 日，晚稻观摩时间是 10 月 8～15 日；展示区协助企业举办经销商现场会；主办或协助举行品种拍卖会，帮助科研单位与育种个人有效快速进行成果转化与转让；推介展示明星品种，邀请水稻品种审定委员会委员等专家、推广部门代表点评品种表现，分析总结品种特点和突出优点及生产风险防控要点，专家组根据展示品种的田间长势、品种介绍等评选“双新会”明星品种，并颁发证书；完成“湘种联合体”与“潇湘联合体”生产试验；建立参展品种档案，从育秧到收获全过程确定专人系统地观察记载，建立完整的品种表现档案与图片资料，对表现优良的品种，相应数据推荐作为湖南省引种备案或生产试验的重要参考指标……

2018 年，展示基地汇集了长江中下游地区一大批优良的水稻品种和最新种业科研成果，是全国发展“高产、优质、高效、生态、安全”种子产业的缩影。

同年，湖南省种子协会受长沙高新技术产业开发区隆平高科技管委会委托，作为协办方承担第一届长沙种业硅谷峰会暨种业成果博览会。

该届博览会上，展示基地的水稻展区共展示了来自全国南方 13 个省的 81 家科研种子企业和单位的优良水稻品种 535 个。展区以参展企业为单元，以彩叶稻作间隔，将不同熟期品种分类后统一播种、统一移栽、个性管理，真实呈现各品种的典型性状。

全面的成果展示，优良的观摩条件，让展示基地赢得了行业人士的青睐。先后有科技部、农业农村部、中国种子协会、湖南省科技厅、湖南省农业委员会、长沙市人民政府、湖南省农业科学院、湖南农业大学等相关领导及专家、种子企业、国际友人、种植大户近 20 万人到基地交流。

与此同时，在博览会的种业峰会上，种业硅谷峰会组委会邀请了中国农业科学院万建民院士、中国水稻研究所程式华所长、湖南省农业科学院邹学校院士、中国科学院亚热带农业生态研究所印遇龙院士、上海农业生物基因中心罗利军主任、袁隆平农业高科技股份有限公司杨远柱副总裁、先正达公司中国区总经理张兴平、拜耳公司中国区总经理叶大维 8 人进行专业授课。

“这样的会议，让‘双新会’更具吸引力了。”闵军表示，博览会的成功召开，把一个业务会办成了政府性质的公益会议。它不仅实现了“种业+”，如种业+米业、种业+农资、种业+品牌营销、种业+电商、种业+旅游、种业+教育……还整体提高了长沙、隆平高科技园、湖南种业品牌，给湖南相关企业提供了宣传平台，形成的“水稻品种超市”更便于农民看禾选种，加速了良种推广。

## 树创新服务新标

“‘双新会’实现了多样化创新。”湖南省种子协会执行会长易国良欣慰地说。

“双新会”形成了由政府引导、行业协会承办、企业广泛参与、合作社具体实施的办会格局，有效整合了省、市、县各级资源。

展示品种和技术时，不仅包含了目前长江中下游地区各类优良水稻品种，同时也集合了未来 3～5 年即将推出的主导品种，还囊括了 4 项水稻栽培“前卫”技术。

在种业寒冬之季，“双新会”契合了企业需求，激发了企业参与热情。隆平高科、中国种子集团、荃银高科、湖南希望种业、江西现代种业、广西恒茂种业、金色农华、北大荒种业、湖北种子集团等全国多家育繁推一体化种子企业，选送品种参加基地展示，并派人同步积极参与基地的部分农事操作。

闵军介绍，展示基地的建设细致入微，一切以方便展示和观摩为宗旨。展示区在秧苗移栽后插上品种标示牌，已审定品种用红色标牌标识，正在区试和中试品种用蓝色标牌标识。基地组委会分别于 6 月、7 月、8 月、9 月四次发布基地各品种与栽培技术照片，可为参展单位及时提供展示品种与技术的档案资料。基地全程吸引了大量水稻育种、栽培专家、学者到基地“品禾论稻”。

成绩代表过去，未来还需前进。未来该怎么走？湖南省种子协会早已拟订了“双新会”的发展目标——打造种业展示展销平台。

“打造种业展示展销平台，我们初步拟订了‘四步走’的方略。”闵军表示。首先，要建立国家级种业科技成果展示与交流博览园，每年征集全国及全世界的以水稻为主的种业创新成果，通过田间栽培展示，构建种业展示窗口，打造湖南种业成果的展示名片，让政府、企业、种植户直观了解种业成果的实际情况，促进实地考察选种、跟踪评价品种与推介主导品种；第二步，定期举办种业交流会，实现一站式选种；第三步，加强建设国际种业培训与实践基地，争取全国水稻种业交易展销会落户湖南；第四步，开发种业信息交流与交易平台，通过开发种业信息交流网站、手机 APP 等统一信息平台，逐步实现网络选种，线上订单等等。

# “美味大米”味美三湘

## ——记长沙种业硅谷峰会之种业创新成果博览会“美味大米”评选

吉映　闵军　袁万茂

随着人们生活水平的提高，大家吃饭的观念，从吃饱渐渐转变为吃好。在品类繁多的大米市场上，人们如何才能找到健康与美味并存的大米?

2018年9月6~7日，在长沙举行的长沙种业硅谷峰会之种业创新成果博览会上，主办方广泛整合资源，筛选了水稻种子企业、大米生产加工企业、品牌大米经销商、种植大户等主体提供的88个品牌大米，进行了一场别开生面的“美味大米”评选活动。

此次评选中，30个大米品牌脱颖而出，在大众面前得到了完美呈现。通过湖南卫视、红网、《湖南科技报》、长沙电视台、《种植大户》等媒体宣传，美味大米品牌在三湘大地得以传颂。

## 看谁的大米更美味

湖南水稻品种十分丰富，播种面积和总产量一直名列全国首位，为确保我国粮食安全发挥了重要作用。令人遗憾的是，水稻种植大省的湖南却鲜有能在全国叫得响的大米品牌，“稻强米弱”现象明显凸现。

作为种业创新成果博览会承办方湖南科技报社与湖南省种子协会，就要不要举办优质大米品牌评选事宜连续召开多次会议。不举办的原因主要有两个方面：一是湖南省农业委员会粮油作物处每1~2年已经举行过湖南省优质稻品种评选；二是2018年3月在广州全国农业技术推广服务中心在广州举办了首届全国优质稻品种食味品质鉴评活动。举办的理由是：湖南种业创新重点是水稻，水稻终端产品是大米，大米需要有品质分类，打响湖南大米品牌知名度需要推选平台。上下难决策时，组委会决定先进行调研。通过对水稻种子企业、大米生产加工企业、品牌大米经销商、种粮大户、消费者等单位和个人进行深入调查，最后发现：大米生产方渴望有更多平台来展示自己的成果，消费者渴望买到真正好吃又健康的大米。很快，大米评选活动正式提上日程。

评什么样的大米？名字颇伤脑筋，主办方在各行业微信群中征求各方意见，有的说“优质大米”，有的说高端大米品牌，还有的说“金牌大米”“金奖大米”“好吃大米”“好呷米”“好味道大米”“三湘大米”等等，不下百个想法。“我们这次评选主要针对的是稻米品牌，而不是某个水稻品种，评选的主要侧重点在于口感，也就是说比比看谁的大米品牌更美味嘛，不如就叫‘美味大米’评选。”在组委会上，湖南省种子协会秘书处发表了意见，并得到了众多人的支持。

评选主题尘埃落定后，“怎么评”成了大家关注的问题。来自常德的一位种粮大户在参评前提出了他的顾虑：“很愿意参加这样的活动，就是不知道会不会存在黑幕，会不会得不到公正的评判?”为此，主办方摒弃了之前由现场观众直接评比的设想，最终敲定了由“大众评委+专业评委”二者结合的评比方案。

## 88个大米齐争香

经过7~8月长达两个月的紧张筹备，88个大米品牌踊跃参评。2018年9月6日上午，评选活动正式在长沙种业成果博览会会场（长沙国际会展中心）开评。

现场搭建了专门的“美味大米”评选场地，台上齐刷刷地摆着由主办方最新购置的同一类型电饭煲，台下观众席则被88个参评大米包围。主办方将88个参评品牌大米有序地摆放在展示桌上，并放置了产品介绍牌与散米展示盘，以更于参观者更为全面地了解参评品牌大米。热闹的场面一下吸引了会场所有人的目光，评比现场被人潮层层围住。

在首轮评比中，由参评品牌大米选派评委和专家评委组成评审团，根据外观、色泽等对参评品牌大米进行投票，筛选出30个大米品牌进入第二轮煮饭评比环节。

第二轮为专家评审。该轮是通过对现场煮饭，专家品评打分的方式进行评比。第一组10个大米煮至冒气后，浓香溢出，现场被饭香笼罩，台下观众不时发出感叹："真香!"。经过闻香、观色、品饭等多个环节，专家评委最终选出了新化县秋润水稻种植专业合作社送评的壶蜂山玉针香等5个金奖品牌，由宁远县香聚英农场送评的九嶷籼等10个银奖品牌，以及由张家界鱼泉生态农业开发有限公司送评的鱼泉峪贡米濂溪大米等15个铜奖品牌。





## "美味大米"美名扬

评比结束后，主办方工作人员在清理现场时发现，一位场地清洁工在逐一品尝着电饭煲内剩下的米饭，嘴边念念有词："怪不得叫'美味大米'，真的很好吃哩!"

"美味大米"评选的整个过程在全网直播，最终的评选结果被湖南卫视、《湖南科技报》、长沙电视台、《种植大户》、红网等媒体争相报道。参评大米获得了广泛关注，后期更是有不少单位和个人直接找到主办方求购"美味大米"。有些美味大米作为组委会指定的奖品，有些大米品牌销售增加了30%的销售量……

证书与奖牌不是终点，让"美味大米"走向社会，直面消费者才是真正目的。

"美味大米"获奖名单如下：

| 奖项 | 品牌名 | 公司名称 |
|---|---|---|
| 金奖 | 壶峰山玉针香 | 新化县秋润水稻种植专业合作社 |
| 金奖 | 永州酵素香米 | 永州市聚丰生态农业开发有限公司 |
| 金奖 | "良原"玉针香 | 湖南金色农丰种业有限公司 |
| 金奖 | 玉晶91 | 湖南活力种业科技股份有限公司 |
| 金奖 | 黔阳神农 | 洪江市丰源农业开发有限责任公司 |
| 银奖 | 九嶷籼 | 宁远县香聚英农场 |
| 银奖 | 神农长生谷优选活力贡米 | 湖南神农大丰种业科技有限责任公司 |

续表

| 奖项 | 品牌名 | 公司名称 |
|---|---|---|
| 银奖 | 喜马米皇大米 | 湖南博览农业科技有限公司 |
| 银奖 | 农香 24 | 湖南湘穗种业有限责任公司 |
| 银奖 | 昭哈儿牌生态胚芽米 | 新化县鑫力量农场 |
| 银奖 | “果田香”牌“佳家贡米” | 株洲佳家生态农业有限公司 |
| 银奖 | 望两优 851 | 湖南希望种业科技股份有限公司 |
| 银奖 | 恒妃贡米 | 蓝山县恒华米业有限公司 |
| 银奖 | 爱雪米娜一富硒大米 | 湖南爱雪米娜食品有限公司 |
| 银奖 | 赫山兰溪大米 | 益阳市赫山区绿色高端稻米协会 |
| 铜奖 | 鱼泉峪贡米 | 张家界鱼泉生态农业开发有限公司 |
| 铜奖 | 云顶飘香桃湘优莉晶 | 湖南志和种业科技有限公司 |
| 铜奖 | “良原”农香 39 | 湖南金色农丰种业有限公司 |
| 铜奖 | 皇米三宝 | 全国特色小镇皇图岭绿色米业 |
| 铜奖 | 创宇香米 | 长沙大禾科技开发中心 |
| 铜奖 | 早优 | 上海天谷米业有限公司 |
| 铜奖 | “湘米王”香米 | 长沙大禾科技开发中心 |
| 铜奖 | 甄选兆优 5455 | 深圳市兆农农业科技有限公司 |
| 铜奖 | 银针王香米 | 长沙大禾科技开发中心 |
| 铜奖 | 南洞庭 | 沅江市黑土地生态特种水稻专业合作社 |
| 铜奖 | 濂溪再生稻米 | 道县濂溪再生稻种植农民专业合作社 |
| 铜奖 | 米米有了 | 湖南米好贸易发展有限公司 |
| 铜奖 | 优质富硒大米 | 桃源县仁丰家庭农场 |
| 铜奖 | 芙蓉心五色糙米 | 湖南省水府庙农林科技开发有限公司 |
| 铜奖 | 祁永香农 | 永州五色米种养专业合作社 |

# 以稻载“道”哲农路

## ——记长沙哲农农业科技有限公司发展之路

杨晓艳　吉映

在工业领域摸爬滚打16年的黄俊文，一直怀有浓浓的乡愁。

2014年，在中央连续发出第十五个指导“三农”工作的一号文件后，黄俊文看到了未来农业发展的方向。在经过仔细调研、考察、学习与思考后，黄俊文与老搭档李晓媚商议，决定在长沙县成立一家农业公司。

## 几经辗转　终得佳名

一番紧锣密鼓筹备后，准备进行工商注册的黄俊文与李晓媚被公司取名给难住了。

他们的初衷是为农民干点实事，便取名为长沙惠民农业服务有限公司，却在工商注册登记核名时被工作人员告知此名已被人使用。

之后，两人为了给公司取名费了不少心思。“启农”“扬帆”“优优”等100来个名字被提出，又被推翻。在黄俊文心里，公司名称就是一个公司的信仰与灵魂，不能大意。

于是，他召集员工并邀请亲朋好友来给公司取名。黄俊文承诺：名字一经选用，必有奖励。

连续一周，李晓媚每天都会想出无数个公司名，却总是还未来得及拿出来跟大家说，便又被自己否定掉。

为了取名寝食难安的李晓媚，在2014年最后一天的凌晨3点，抱着手机发呆。她心里想起给公司取名的曲折与艰难，突然脑洞大开，“曲折”的折，同音字“哲”，做个有哲学思想的农业从业者，不就刚好是“哲农”吗？

李晓媚欣喜不已，一大早便跑到办公室向黄俊文汇报。见此佳名，黄俊文脱口而出一连串“好好好”，并自言自语地说道：“做一个有哲学思想的农业人，并插上科技的翅膀一定能腾飞，自然也不会脱离最初要为农业、农村、农民做出贡献的初衷，就用这个名字。”

就这样，长沙哲农农业科技有限公司于2015年1月6日正式注册成立，注册资金5 000万。

## 大步朝前　真心为农

哲农公司从成立之初，便走出了不一样的步伐。

公司成立后，很快便牵头组建了哲农粮食银行、哲农种养专业合作社、哲农农机专业合作社，组成了农民生产、产品购销、资金信用“三位一体”的粮食产业联合体。

目前，哲农粮食银行是长沙县域内首家粮行，已经开设13个营业网点。公司拥有自主品牌“哲农”大米，于2017年通过绿色食品认证。截至2020年，哲农“泰湘稻米”（以玉针香为主要原料）、“软湘稻大米”（以泰优390为主要原料）、“柬湘稻大米”（以桃优香占为主要原料）三个品牌大米销售已超过200吨。

公司在不断发展，社会价值也在不断体现。

2017～2020年，公司连续4年开展产业帮扶，涉及安沙镇、路口镇、黄花镇、果园镇、开慧镇、金井镇等镇村，共计帮扶贫困户500余户，带动贫困户种植优质水稻，并收购贫困户水稻及农副产品，帮助贫困户增收。

进驻稻作种养示范基地后，哲农公司投入数百万元，将田间电线杆全部下沉，硬化机耕道，沿麻林河两岸河堤植草绿化。现在，1000亩农田核心区阡陌纵横，整齐划一。

“我们将采取‘企业＋村集体＋农户’的经营模式，和农民结成利益链，抱团发展。”黄俊文介绍，基地正在进行顶层规划，农民可以拿土地承包权、经营权和房子到企业入股，变身为股东，参与企业分红。

截至目前，长沙县路口镇明月村全村4521亩基本农田已流转2732亩，按300千克稻谷/年计算，折合人民币约750元/亩，实现经济收入约80万元。

# 抓住机遇　发展稻作

2018 年，哲农公司接到了一个重点项目——打造一个集种业新技术、新品种、新模式的集成示范展示基地，袁隆平院士亲笔提名为“隆平稻作公园”。

长沙哲农农业科技有限公司总经理李晓媚与袁隆平院士合影

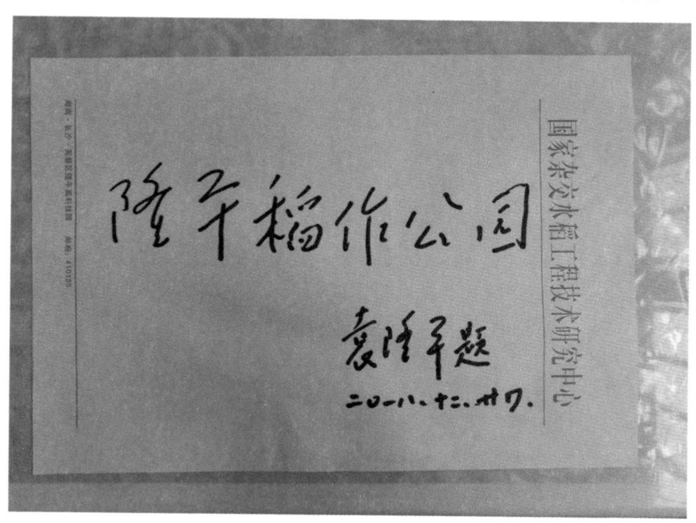


袁隆平院士为哲农基地题词

隆平稻作公园位于长沙县路口镇明月村，2019 年开始建设。公园区域内东西向有 X027、南北向有 X026 线和黄兴大道穿行而过，麻林河自北向南流经核心区，向东接 G107 线，向西接 G4 京港澳高速，离城市三环线 10 分钟车程，半小时车程无缝对接黄花国际机场和高铁南站，区位优势明显。

作为种业硅谷重点建设项目，隆平稻作公园的总体定位是以水稻种业产业为特色，建设以科技创新为核心、稻作文化为支撑，集水稻新技术、新品种展示示范和国际会展、科普研学、特色民宿、文化体验于一体的具有国际品牌和国际视野的大型公益平台和山水田园综合体。运作模式为“政府引导、市场主导、企业主营、集体（农民）参与”原则，实现多方参与，多方共赢。

哲农公司作为经营主体，从建设到运营，在 3 年时间里，已为隆平稻作公园配套了接待中心和部分基础设施。

截至 2020 年，公司已连续举办四届隆平稻作公园插秧文化艺术节与三届隆平稻作公园播种节；2019 年举办大型活动 7 场，接待行业专家人士 2 520人次，接待国际稻作文化交流合作班 15 班次，计 510 人；2020 年举办大型活动 5 场，接待种业行业专家人士3 000人次以上，游客 2 万人次以上。同时通过基地科研活动的开展，吸引了近 3 万名中小学生来基地开展劳动教育课程，吸引了2 000名左右职业农民来基地学习新技术，了解新品种。

2019 年，长沙县政府工作报告中全力推行哲农模式：以水稻种业集成为突破口，探索农业“产学研”一体，推进农村一二三产业融合，构建农民共建共治共享的社区创新园区。

隆平稻作公园实景图

## 四大版块　十二区域

而今，哲农公司将公司基地分成了四大田间功能板块：生态种养区域，科技成果展示区域，品种示范区域，纯稻田种植区域。

公司依托省种子协会、湖南农业大学、省水稻研究所，及长沙县农科所积极开展各项稻田科学技术研发与实验、优质稻谷示范、水稻 DUS 测试基地与田间纯度鉴定、研学活动、新型职业农民培训等，建立全球种业技术培训基地等。目前具体分作了以下 12 个区：

一是国家核心水稻品种展示区。全国农业技术推广服务中心选择近年来新育成和审定的优良水稻品种，在长江中下游稻区选择 10 个点集中种植展示，加大品种的推介宣传力度，帮助农民选种用种，加速新品种推广应用。长沙展示点自 2016 开始实施，连续实施 6 年。宣传推广效果很好。展示品种根据自觉申请和自愿参加的原则，公开征集和选择品种。

二是长江中下游水稻品种展示与评价区。这个区域是原来国家农作物品种公益性展示的升级版，部省县三级共建。征集品种的文件是省种子管理服务站发的，设置的条件是适合长江中游中稻区种植的品种，这个区域的品种要求稻瘟病综合抗性要小于 4.0，或者要求米质要达到部标的二等和省颁二等以上的品种。品种展示主要表示呈现好的一面，而评价意味着可以剔除在本地种植后表现不佳品种。给社会提供客观科学评价数据。

三是湖南双新展示水稻基地。一般展示的品种的米质都达到部标二等以上，这里就是湖南高档优质品种超市。主要来自约 80 家公司的品种。每年品种近 500 个。

四是水稻产业技术体系成果展区。主要是国家水稻产业技术体系（湖南）育种团队以及湖南省产业技术体系专家的品种。

五是 DUS 测试区。DUS 是水稻品种审定的一个环节，主要检测品种的稳定性、一致性与新颖性。一个 DUS 试验一般长达两年，有些要三年。每年大约有 300 个品种进行测试。

六是湖南水稻生产试验基地。包括湘种联合体、潇湘联合体、种子协会委托试验区。

七是湖南省水稻研究所水稻测试区。主要是品种试验测试区，包括湖南省水稻联合品比一季晚稻与晚稻试验、湘种联合体和潇湘联合体试验。

八是特种稻品种研发区。品种包括紫米稻、黑米稻、红米稻、糯米稻；叶片也有黄叶稻、紫叶稻、红叶稻、白叶稻等。

九是湖南农业大学水稻高质量发展研发基地。基地由湖南农业大学副校长陈光辉教授负责，具体包含了“早专晚优”全程机械化生产关键技术试验、“稻稻薯”全程机械化生产关键技术试验。还包括基地的高档优质稻和加工专用稻品种筛选。

十是黄璜教授生态种养试验基地。基地进行稻鸭、稻鸡、稻渔、稻螺等种养结合试验，规划了稻田、养殖池、实验区、示范展示等功能区，致力于稻田生态种养的课题攻关，进行了稻田生态种养不打除草剂、稻田免耕等技术研究。

十一是华智水稻测试基地。具体包含：国家水稻区试联合体试验，华智生物自主选育新组合测试试验，国家植物新品种 DUS 测试试验，四川省种子协会、泸州泰丰种业有限公司、成都和意农业科技有限公司、华南农业大学、广东海洋大学、上海市农业生物基因中心、湖南杂交水稻研究中心等单位的新品种品比及展示试验。2021 年在基地测试的新品种超过 500 个。

十二是粮食丰产增效科技创新技术集成示范基地。基地示范由湖南农业大学原党委书记、校长周清明教授负责，具体包含了双季稻集中育秧关键技术，双季稻机插高产高效栽培关键技术等试验，实现了水肥一体化简易无稻育秧技术、杂交稻单本密植大苗机插栽培技术、机直播双季稻增苗减氮栽培技术、抑芽—控长—杀苗生物控草技术、双季稻周年水肥协同调控技术等十大技术创新成果。

## 拓宽思路　农业研学

2019 年，隆平稻作公园的雏形已现，各大基地也相继落户到园区。为进一步搞好园区规划，推进园区发展，公司根据实际需求，建设了一些供青少年学生研学的场所，如隆平研学园、科技大棚等。

小朋友们体验传统农耕操作技能

隆平研学园每天最多可以同时容纳2 000人用餐与活动。公司打造的水稻科技馆，能为中小学生、游客等非专业人员提供一些农业劳作时的农机具，农事操作的机械并开展播种体验活动。

为吸引更多游客到乡村，建议结合当地历史文化、民间艺术、乡土人情和山水特色，公司会定期举办一些活动，如油菜花节、插秧节、收割节、丰收节、认购稻米节等。

现在，公司每年接待到基地研学的中小学学生近 5 万人次，并开发了哲农大米品牌 3 个，彩米品牌 2 个，谷酒品牌 1 个、米茶品牌 1 个，其余配套产品 10 余类，每年销售收入超过3 000万元。

按照长沙·中国隆平种业硅谷发展规划和长沙县“强园富县、优二兴三、转型升级、融合发展”总体发展要求，哲农公司坚决贯彻落实乡村振兴战略，以一三产业融合新发展理念为引领，彻底打破农村以往的种田、种菜、养猪等传统农业，因地制宜，利用目前各大科研院所在基地奠定的水稻种业产业基础，着力推动休闲旅游产业，传承农耕文化，从而发展壮大农村集体经济。最终形成以企业+科研院所、村集体、农户（1+3）的“隆平稻作公园——种业硅谷”。

# 湘种检测　护航种业

## ——记湖南省湘种检验检测有限公司发展之路

袁万茂　吉映

## 得名艰难费工夫

2016 年 4 月，湖南省财政厅出台了相关文件，取消农业行政事业性部门种子检验与鉴定收费项目，导致湖南众多种企无法获取相关有资质的检测报告。

在全省的几次种业大会上，许多种企都提出来，种子检验是确保农业产业健康发展的重要一环，湖南省作为农业大省必须要有一个进行种子常规检测的机构，这个检测机构需要遵循统一规范、客观公正、科学准确、公平公开原则。因此湖南的种企都推荐由湖南省种子协会成立一个相关部门来承担省内种子常规检测任务。湖南省种子协会相关领导给这个部门起名为“湘种协检验中心”，饱含着深长的意味。一方面，“湘”是湖南省的简称，“种”代表为种企，“协”是湖南省种子协会的缩写，另一方面，“中心”表示该部门立足于服务种企行业，不进行公司化运转，不以盈利为目的。带着整个行业的重托，湖南省种子协会工作人员手握着“湘种协检验检测中心”这个美名来到当地工商部门进行登记，却被告知不能以中心注册，相关文件要求只有事业单位旗下才能成立中心。同时，国家种子检验检测法颁布，要求独立法人单位，才能够申请检验检测的资质。于是种子协会主要领导人就决定以湖南省种子协会独资成立一家专门的检验检测公司，那么公司叫什么名字？最初大家想到的是湖南湘种协检验检测有限公司，“协”与“携”同音，湘种协寓意湖南省种子行业携手团结互助。然而在工商局注册时经系统检测因名字内有“协”表示行业协会缩写，湖南湘种协检测有限公司、湖南种子协会检验检测有限公司均没能通过审核。当协会领导人苦思冥想时，有协会会员想到 2015 年至 2016 年湖南省种子协会的年度晚会主题是“魅力湘种”，那么这个公司就叫湘种公司也很是形象贴切，湘是湖南省的简称，种是种子的缩写，湘种检验检测有限公司意为湖南省的种子检验检测公司。2017 年 11 月 17 日，湖南省湘种检验检测有限公司成立，注册资金 208 万，湖南省第三方农作物种子质量检验检测机构出现了从无到有的历史转折。2020 年 6 月，注册资金扩充至 408 万元。





## “三度”空间乐融融

走进湘种检测，这里办公环境干净舒适，设备布置井井有条，实验台桌擦得锃亮，工作人员统一穿着整洁的白大褂，一种温馨舒适感扑面而来。

这是一家“三度”空间企业，三度指“有态度、有速度、有温度”。“有态度”是指湘种检测公司三年如一日，用坚持不懈、一往无前的态度在农作物种子质量检验的前沿领跑，并喜获袁隆平院士题词“湘种检测 护航种业”。公司于 2017 年 11 月在种业同行的支持和期许下注册成功，2018 年正式运营，同年 5 月 25 日通过了原湖南省质量技术监督局检验检测机构资质认定（CMA 认证），同年 12 月 10 日通过湖南省农业农村厅对于农作物种子质量检验检测机构的考核，2019 年通过湖南省市场监督管理局扩项稻米品质检测。湘种公司始终致力于农作物种子净度、水分、发芽率等常规检测和稻米品质、田间纯度、DUS 检验和农业科学试验的深度研究，取得相关作品登记证书共 19 件，软件著作权 4 项，发表论文 5 篇，成功申请 2 项建设项目。

“有速度”是指湘种检测公司工作人员追求速度，讲求效率。湘种检测公司业务发展蒸蒸日上，检验时效快速，为了完成繁重的检测任务，急客户之所急，想客户之所想，湘种检测公司工作人员克服万难，无论节假日、周末还是春节假期，只要有紧急任务，“有召必返”。看看埋头苦干的工作人员和塞得满满当当的 6 台人工气候箱一切不言而喻。

“有温度”是指湘种检测公司工作人员始终胸怀大爱，用心温暖种企。

疫情无情人有情，2020 年 2 月，疫情当头，在全国进入经济低迷期的情况下湘种检测特推出“种企护航行动”。该活动意在开源节流，整合资源降低设备和人工成本，最大程度地降低疫情对种企的冲击。活动得到了多家种企的拥护，种企纷纷与湘种检测公司签署合作意向。

## 护航种业重技术

湘种检测公司业务范围涉及五大领域：常规检测（净度、水分、发芽率）、稻米品质检测（糙米率、精米率、整精米率、粒长、长宽比、垩白粒率、垩白度、透明度、碱消值、胶稠度、直链淀粉）、田间纯度鉴定、DUS 测试、农业科学试验。近年，湘种检测公司取得 6 项稻米品质检测相关作品登记证书、1 项 DUS 检测技术作品登记证书，发表常规检测发芽试验研究论文 1 篇。公司与湖南省农业科学院、湖南农业大学进行长期技术合作，把技术开发放在首要位置，不断提升各项检测技术，提升公司服务种业发展的能力水平。

通过对各类种子企业、省市县各级主管部门委托样品、监督抽查样品的检验，对代表1 140万公斤农作物种子的样品进行质量检测，把不合格种子控制在流通前，杜绝伪劣种子下田，有效保障了全省约6 000万亩稻田、2 000万亩油菜田以及玉米、棉花、绿肥等主要农作物种子用种安全，不仅保护了农民利益，也可为种子企业生产经营决策提供技术依据。其中监督抽查检测出 45 批次劣种子，代表 163 万公斤种子，使其未用于农业生产，保证了 100 多万亩地不因使用劣质种子造成更大经济损失，为企业节约了种子成本 390 万左右。

## 目标明确前景广

湖南省湘种检验检测有限公司专注为种子企业提供第三方质量检测服务，开展农业科学研究和农业试验发展领域，秉承“为农业企业提供全面优质的检测服务和承揽专业领域农业试验”的经营理念，致力提升质量检测、农业科学研究和试验发展的“四化”建设，即规范化、标准化、科学化、集成化，力争打造成为全国乃至国际一流综合性检测服务集团。该公司确立了以下八大行动方向：

### （一）构建高效的公司内部研发体系

公司进一步扩大研发队伍规模，通过建立研发项目组的模式调配更多骨干技术人员参与研发工作。同时，公司将进一步强化与国内外科研院所的合作力度，通过共同开展研发项目等方式借助外部机构的研发实力提升本公司的技术水平。公司将进一步扩大高水平研发人才队伍、加大先进研发设备的投入以及开发信息化研发管理系统，不断提高公司检测技术水平、参与国内外行业标准的制定、扩大市场影响力。

### （二）培养和建设高素质的人才队伍

本着“以人为本”的原则，尊重人才、培养人才，进一步完善人才吸引、激励和发展机制。本公司将采取工资、奖金、绩效评估和福利相结合的方式强化科研人员的激励机制，通过完善奖金分配制度提高科研队伍的凝聚力和积极性；通过优化人力资源配置，促进人才合理分布，不断提高工作效率；通过制定员工教育培训计划，建立学科带头人制度和优秀中青年科技人才培养制度，为优秀员工提供良好的发展空间。

### （三）行业间合作交流，先进经验学习借鉴应用

公司将积极组织并参与国家标准、行业标准和企业标准的制定工作，以提升在检测行业中的影响力；通过参加科研院所以及其他国内外相关机构组织的实验室考核和比对工作，以获得社会的广泛认可。

### （四）硬件条件建设，保持领先的技术创新能力

建设符合检验检测机构和行政主管部门要求的米质检测标准化实验室，能够完成稻米品质全项检测，能够对外出具具有证明作用的数据和结果。

建设符合检验检测机构和行政主管部门要求的水稻 DUS 测试基地和实验室，能够对外出具具有证明作用的数据和结果。

建设符合检验检测机构和行政主管部门要求的水稻指纹比对实验室，能够对外出具具有证明作用的数据和结果。

建设符合检验检测机构和行政主管部门要求的水稻转基因成分检测实验室，能够对外出具具有证明作用的数据和结果。

### （五）创新机制建设，为公司发展提供强大助力

加强研发项目管理工作，完善科技成果奖励制度，形成较为完善的内部人才快速成长通道和良性竞争机制。领先的技术创新能力是本公司保持核心竞争优势的关键因素之一。高水平研发人才的配备、先进研发设备的投入以及信息化研发管理系统，将为本公司保持领先的技术创新能力，提升本公司的核心竞争优势提供重要支持。



### （六）建立日趋完善的企业管理体系

公司将继续完善法人治理结构，充分发挥股东大会、董事会、监事会、总经理办公会在公司决策及运营管理中的作用，明确决策、执行、监督等方面的职责权限，形成科学有效的职责分工和制衡机制。在企业管理层面，将继续完善和优化战略规划、人力资源、财务管理等方面的制度框架体系以及实施细则，提升本公司的管理能力和运营效率。

### （七）继续扩大检测服务范围

本公司始终以技术创新为核心，通过研发满足客户多元化的检测项目需求，扩大服务范围，在增加公司业务收入来源的同时实现检测业务的规模化、深入化经营发展。

### （八）开拓国内市场

根据市场需求，立足本省，面向全国，开拓检测服务工作与承揽试验任务，为农业企业和行政主管单位做好保障服务性工作。

# 探索“稻－油－游”发展新模式

## ——记隆平稻作公园“稻游油”生产技术研发与发展

闵军　阳标仁

与其他旅游相比，城郊乡村旅游位置条件好，交通方便，花费少，是城市工薪阶层休闲旅游的不错选择。湖南省水稻“双新”展示基地位于湖南长沙县路口镇明月村，长沙县东八线旁，离湖南省农业科学院35千米，交通方便，利于发展城郊乡村旅游。

以前，展示基地每年种植的是一季水稻，配合展示观摩会议，5月中旬播种，10月初收割，收割完毕，部分地块种植油菜，而部分地块闲置。2019年8月，长沙县提出希望在水稻双新基地种植完毕水稻后，种植油菜。于是，湖南省种子协会展示部团队就提出“稻－油－游”产业发展“三角”模式，确定以长沙县路口镇明月村隆平稻作公园作为实施示范点。

“稻”指种植水稻，“油”指种植油菜，“游”指开发旅游，“三角”新模式即种植业中的水稻以发展食用与旅游景观水稻并重，产品能对外销售，产地可以旅游参观。油菜以发展食用油籽为主，结合油菜花旅游。但这一模式存在三个主要问题：一是水稻与油菜种植时间与栽培技术不完善；二是需要吸引长期稳定的乡村旅游人群；三是学生研学游稻作文化与油菜文化欠缺。

为促进该模式发展，湖南省种子协会从种植技术、发展方向等多方面着手示范，在2019～2021年期间，取得了很好的成绩。

### 提炼产业发展技术

水稻与油菜种植要求产地环境好，排灌方便。季节搭配合理，具体关键技术如下：

1. 水稻种植关键技术

(1) 品种选择：主体种植区选择生育期在130天左右、米质达部标二级及以上，如农香32、晶两优534、绿银占等适宜湖南省种植的优质稻品种。景观种植区水稻选择晚籼紫宝（紫米）、彩慧黑糯（黑米）、湘晚籼12号、景观紫2号（紫叶景观稻）、板仓全彩（紫叶紫米）或其余彩色叶片景观水稻品种。

(2) 播种期：水稻播种期为5月15～25日。

(3) 播种量：盘育秧每亩大田种子用量杂交稻为1.25～1.5千克，常规稻为2～2.25千克；水育秧每亩大田种子用量杂交稻为0.75～1.25千克，常规稻为1～2千克；直播每亩大田种子用量杂交稻为1.5～2.0千克，常规稻为2.25～2.5千克。

(4) 施肥：应根据土壤肥力和目标产量而定，一般中等肥力稻田每亩产500千克的施肥总量应为氮10～12千克，磷5～6千克，钾8～10千克为宜。

(5) 收割：当90％以上的稻谷黄熟时，抢晴收获，机收要求留茬高度15厘米以下，秸秆粉碎还田或移除，不影响下茬油菜播种。收割时间一般不超过10月5日。

2. 油菜种植关键技术

(1) 品种选择：选择沣油320、丰油823、沣油586等耐迟播品种。

(2) 整地：一般旋耕机耕整土地，开沟作厢，厢宽2～2.5米，厢沟宽、深各0.25米，围沟、腰沟宽0.3～0.5米、深0.25～0.30米以上，确保三沟相通，田间排水通畅。

(3) 播种：前茬水稻收获后尽早播种，一般在10月10日前。机械精量播种每亩用种量200～250克，播种行距25～30厘米。人工直播用种量为200～250克/亩，播种时可将种子与火土灰、细土或河砂拌匀，有机肥盖籽。种植密度2.5～3万株为宜。播种前可参考天气预报，尽量赶在下雨前播种，如遇干旱天气，播后应进行灌溉。

(4) 施肥：根据土壤肥力及农艺要求，中等肥力以上田块每亩施氮11～13千克、五氧化二磷 $P_2O_5$ 4～6千克、氧化钾7～9千克、硼砂1千克，低产田施肥量酌情增加。肥料总量的70％～80％在作基肥施用、20％～30％在12月下旬作腊肥施入，也可用全营养油菜专用缓释肥整地时一次性足量施入耕作层土壤。

（5）适时收获：全田90%以上油菜角果外观颜色全部变黄色或褐色，可用联合收割机收割。采用分段收获方式时，应在全田油菜70%~80%角果外观颜色呈黄绿或淡黄，种皮由绿色转为红褐色，采用割晒机或人工进行割晒作业，将割倒的油菜就地晾晒后熟5~7天，成熟度达到95%后再收割。



## 提出旅游发展方向

如何走顺旅游发展路子，湖南省种子协会提出了5个主要发展方向：

1. 融合乡村旅游与文化创意产业。将文化创意融入乡村旅游中，能为乡村旅游产业的发展提供更多的专业知识，增加乡村旅游的文化韵律，还可以借此延伸出文化产品。两者的融合为文化的传承提供了很好的平台，使人们在享受娱乐的同时轻松地了解当地文化，激起人们对文化的兴趣，从而使文化传承得以延续。

2. 完善相关配套改善乡村环境。建设好乡村旅游配套设施，如停车场、农家乐、农产品销售中心等、为了发展好乡村旅游业，改善乡村环境是必不可少的。同时还需要定期培训经营者、提高旅游点管理水平。当然乡村旅游的发展也会带动环境的改善。

3. 积极发展农村第二产业。创新研发稻米加工、油菜产业加工，开发大米制品、谷酒、米酒、米乳、米糠油、菜籽油等系列产品。

4. 适度种植景观参观点。结合当地人文、历史、产品宣传等因素，利用彩色叶片的水稻与油菜适度进行景点设计与种植。

5. 定期举办活动。为吸引更多游客到乡村，建议结合当地历史文化、民间艺术、乡土人情和山水特色。举办油菜花节、插秧节、收割节、丰收节、认购稻米节等系列活动。

## 示范点实施成效显现

示范点长沙县路口镇明月村隆平稻作公园是“世界杂交水稻之父”袁隆平院士亲笔题名的田园综合公园。基地为长沙哲农农业科技有限公司主体建设，目前流转土地 2 000 亩左右。开发了哲农大米品牌 3 个，彩米品牌 2 个，谷酒品牌 1 个、米茶品牌 1 个，其余配套产品 10 余类，每年销售收入超过3 000万元。每年接待农业专家、学者、种植大户、种植管理者超过30 000人次。每年接待研学游的学生超过 5 万人次。

2019～2021 年期间，示范点已取得了多方面的成效：

1. “稻－油－游”模式关键技术已申请作品登记书，发表了科普文章。

2. 引进水稻新品种与新技术展示项目，承接长沙“种业硅谷”水稻展示基地、国家水稻核心展示基地、将集水稻新技术、新品种展示，农业科研推广、科普培训、国际会展、研学旅行和特色民宿于一体，打造成为以“种业小镇”为主要特色的田园综合体。

3. 创新研发稻米加工、油菜产业加工，开发大米制品、谷酒、米酒、米乳、米糠油、菜籽油等系列产品。

4. 高标准打造以水稻为主全球性田间观摩现场，形成国际一流的成果展示平台。建立“水稻品种超市”“油菜品种超市”，定期举办国际高峰论坛、“双新”展示交流会和投资贸易洽谈会。打通上下游产业链，促进信息交流，推动行业有序发展，提高种业的竞争力。争取建设成全国瞩目、世界关注的农作物品种展台、文化展台与思想展台。目前成功举办了两届全国性水稻展示观摩会议、两届湖南省油菜观摩会议。

5. 定期举办活动。为吸引更多游客到乡村，建议结合当地历史文化、民间艺术、乡土人情和山水特色。举办油菜花节、插秧节、收割节、丰收节、认购稻米节等系列活动。每年接待到基地研学的中小学学生近 5 万人次。

6. 把每年的 5 月 18 日定为湖南水稻种业播种节，已成功主办三届播种节。每年 6 月 5～25 日先后为湖南省农业科学院、湖南省水稻研究所、湖南省种子管理服务站、湖南省种子质量检测中心等多家单位提供插秧活动现场。

# 三、知稻多少

## 三类稻（优质稻、常规稻、杂交稻）的关系

广义上的优质稻：指稻谷（米）不仅好看，而且好吃，即大米的透明度好，垩白粒少，垩白度低，适口性好。狭义上的优质稻：指稻谷（米）达到原农业部规定的行业标准《食用稻品种品质 NY/T－593－2002》。该标准是在《GB1350—1999（稻谷）》《GB《R17891—1999（优质稻谷）》及《NY20—1986（优质食用稻米）》的基础上制定的。标准对我国籼稻、粳稻、籼糯稻、粳糯稻品种品质等级进行了严格规定。湖南省颁优质稻：自1984年以来，湖南省共开展了13次优质稻（米）的评选活动，共评定了近300个品种（系、组合）为湖南省一、二、三等优质品种。主要参考标准为《湖南省食用优质稻谷标准》。该标准由湖南省农业厅与湖南省水稻研究所于1998年修订。另湖南省习惯上把经湖南省农业厅评定的省颁二等以上的优质稻品种或符合国标二级优质稻标准的品种称为高档优质稻品种。

与优质稻相对的为普通稻。一般来说，优质稻相对普通稻产量偏低，抗性偏差。种稻的经济效益则与种植区域、收购价格、品种、管理情况相关。根据调查，湖区种植优质稻效益比种植普通稻高。

杂交稻是指利用水稻父本和母本进行杂交而产生的第一代种子，是由两个遗传组成不同的水稻品种（系）间杂交产生的具有强优势的子一代杂交组合的统称。具有明显的“杂种优势”，在生产上增产效果突出。杂交稻的基因型为杂合体，其细胞质来自母本，细胞核父母本各半。由于杂种

个体间的遗传型相同，故群体性状整齐一致，可作为生产用种。但从子二代起，出现性状分离，生长不整齐，优势减退，产量下降，不能继续当种子使用，所以需要每年进行生产制种，以获得杂种一代种子，供生产上使用。

杂交稻的相对面为常规稻。杂交稻相对常规稻丰产性较好。特别表现在中稻与晚稻方面。另种业公司可调控利润。常规稻农户可以自留种，一般产量相对要略差一点。目前湖南常规稻中的普通稻主要存在于早稻，中、晚稻中推广常规稻一般为优质稻。



常规稻与杂交稻均可能是优质稻。但目前湖南省评定的优质稻品种（系、组合）中以常规稻居多，特别是在高档优质稻方面。

# 一种正确选择水稻品种的方法

农民朋友们种植水稻时，选择正确的品种十分关键。一般在选购水稻良种时，大多会先看品种介绍。品种简介中有产量、全生育期、株高等多项性状指标的数据，这些数据的来源不尽相同，并且在实际种植时有不同程度的变化。农民朋友们要正确分析这些性状指标的数据。最后确定选择适合自己种植的品种。

1. 全生育期：一般指该品种两年在各区试点全生育期的平均值。实际上该品种在湘南种植时，全生育期会缩短 2～4 天，在湘北种植全生育期会增长 2～4 天。

2. 产量：一般指该品种两年在各区试点产量的平均值。选种时农民朋友往往十分关心产量的绝对值，其实，该品种与对照品种对比的相对值才是最重要的。

3. 株高、有效穗、每穗总粒数：一般指该品种两年在各区试点的平均值，在实际生产中，这三个性状指标的数据变化受栽培的影响较大。

4. 结实率与千粒重：指该品种在一般栽培情况下得来的数据。在实际生产中结实率与开花扬花的天气、播种期、施肥、水分等栽培管理等有很大的关系，变化幅度较大，选种时要尽量选结实率高的品种。千粒重的变幅一般不大。

5. 稻瘟病与白叶枯病抗性：一般指该品种在区试年间内在鉴定地点的试验数据。其中 0～3 级为抗病，5～9 级为感病。在实际种植时，要根据具体地点的发病情况与生理小种情况来防治，绝不是良种介绍上数据是 0～3 级（抗病），就一定是抗病，不需要防治。

6. 米质：一般指该品种在第二年区试时，稻谷经农业农村部稻米及制品质量监督检验测试中心检测的结果，包括糙米率 、垩白粒率、直链淀粉含量、蛋白质含量等 12 项指标。不同的栽培下其数据略有变化。

# 什么样的大米饭最好吃

按品种不同将大米分为籼米、粳米和糯米：我国南方地区食用籼米较多，东北地区食用粳米居多。按加工方法不同将大米分类为：糙米、白米、蒸煮米和碎米等。通常我们吃的是白米。白米：指糙米碾去皮层和胚，基本上留下胚乳，即白米或大米。我国根据大米的外观形状、理化性状和蒸煮品质等指标将大米分为一、二、三等，一般认为一等优质稻米好吃。

以籼米为例，一般认为好吃的大米有以下特性：

1. 适当大米长宽比，一般 3.5 以上；
2. 大米晶莹剔透，色泽好，垩白少；
3. 煮饭后表面油亮、食味好，咀嚼无渣，冷饭不回生；
4. 大米和米饭香味浓郁。

市场上如何鉴别优质大米？

看：米粒饱满、洁净、有光泽、纵沟较浅；

掰：掰开米粒其断面呈半透明白色；

闻：闻有清新气味，蒸熟后米粒油亮；

嚼：有嚼劲，气味喷香。

劣质大米特征：一般米粒不充实，瘦小，纵沟较深，无光泽，掰开米粒断面残留褐色或灰白色。发霉的米粒多呈绿色、黄色、灰褐色、赤褐色，且光泽差、组织疏松，有霉味或其他异味。吃起来口味淡，粗糙，黏度也小。这也是陈米的特征。

# 种子质量检验与检测

## 一、种子检验的意义

种子是一种特殊的农业生产资料，是农业科技进步的主要载体，无数事实证明良种可充分发挥其农业增产效果。种子检验是确保农业产业健康发展的重要一环，在提高种子质量整体水平上具有举足轻重的作用。为了保障种子质量，让农民用上放心种，一般种子公司需要将预销售的种子进行种子质量检验或送往具有检验资质的机构进行检测，只有达到国家种子质量标准的种子才能用于经营生产。种子检验对做大做强种业，转变农林发展方式，发展现代农林产业，促进农民增收具有重大意义。种子检验是现代农业健康发展的有利保障。

**1. 种子检验有利于提高种子质量整体水平**

通过种子检验，可获得详细、准确的检验结果，掌握种子质量的真实情况。

一方面，可以督促种企生产出优良的种子，促进优良种子的推广和种植。通过种子检验，能及时了解农作物种子的质量情况，避免优良种子活力丧失和纯度退化混杂，降低生产过程中存在的风险，为实现农业安全生产、提质增效提供质量保障。

另一方面，可防止假、劣种子流入市场。《中华人民共和国种子法》第四十九条明确规定禁止生产经营假、劣种子。并定义下列种子为假种子：（1）以非种子冒充种子或者以此种品种种子冒充其他品种种子的；（2）种子种类、品种与标签标注的内容不符或者没有标签的。下列种子为劣种子：①质量低于国家规定标准的；②质量低于标签标注指标的；③带有国家规定的检疫性有害生物的。

因此，加强种子检验，有利于进一步提升农业生产的质量和产量，实现农民群众的增收以及保障我国的粮食安全。

**2. 种子检验有利于维护种子市场秩序**

为保护农民合法权益，维护公平竞争的市场秩序，农业、林业主管部门应依法打击生产经营假劣种子的违法行为。农作物种子质量检验是法律对于种子这一特殊商品的法定要求，是保障农民权益的重要手段。种子检验和市场执法就像种子管理系统的两只手，种子检验的结果是市场执法、种子招投标的重要参考之一。种子检验可以保证育种者、种子生产企业、种子经销商以及种子使用者之间的和谐关系，并且可以保障四者的基本权益，保障种子市场的稳定，维护种子市场的秩序。

## 二、种子检验主要内容

种子检测项目主要包括净度分析、水分测定、发芽试验、真实性与品种纯度鉴定，以及生活力的生化测定等其他项目的检测。

**1. 净度分析**

净度分析指对抽检样品中净种子、其他植物种子和杂质3种成分进行分析，测定检测样品各成分的重量百分率，由此推测种子批的构成，并鉴别出样品中其他植物种子和杂质所属种类，为决定种子批的取舍和危害、种子的清选加工提供依据。通过净种子的含量，了解种子批中可利用种子的真实重量，从而评价种子的利用价值。

**2. 水分测定**

由于种子水分的高低，直接影响到种子的运输、安全贮藏和种子寿命，因此，种子水分测定是控制种子质量的最基本要素之一。

水分测定是指对种子内自由水和束缚水的重量进行测定，检测其占种子原始重量的百分率，以此了解种子内的含水量，作为评价种子质量的依据。水分测定需严格按《农作物种子质量检验规程》要求操作。

**3. 发芽试验**

发芽试验是指在实验室内标准条件下进行的发芽，通过测定种子批的最大发芽潜力，比较不同种子批的质量，从而估测种子批的田间播种价值（种用价值）。由于发芽试验具有重演性，结果准确可靠。因此，对抽检样品进行发芽率的测定，对农业生产、种子经营及管理具有重要意义。

**4. 真实性与品种纯度鉴定**

品种纯度与真实性是农作物种子质量一个重要指标，种子的真伪和品种纯度的高低直接影响农作物的产量和品质。

真实性与品种纯度鉴定是指某个品种在特征特性方面典型一致的程度，用本品种的种子数占供检本作物样品种子数的百分率表示。常用鉴定方法包括籽粒形态鉴定、幼苗鉴定、田间小区种植鉴定和室内 SSR 标记法鉴定。不同作物、不同品种通过选择适合的方法，可以做到简单、经济、快速又准确。

随着生物技术的快速发展，DNA 分子标记技术在种子真实性与品种纯度鉴定上的应用越来越广。2015 年公布的 GB/T3543.5—1995《农作物种子检验规程真实性和品种纯度鉴定》第 1 号修改单中，增加 6.2.4 条即 DNA 分子检测方法：品种真实性验证或身份鉴定，允许采用 SSR 和 SNP 分子标记方法。

## 三、水稻种子检验检测步骤

**1. 扦样**

（1）扦样前准备　准备扦样器具、向被抽查单位了解种子批堆装、混合、加工、贮藏过程中有关种子质量的情况以及检查种子批均匀度、易扦取状态、种子批大小异质性检查。此过程可能遇见问题：如种子批的重量超过规程要求的最大重量（超过包括 5%容许差距）；种子批的堆放不符合要求（必须至少能靠近种子批堆的两个面）；种子批存在异质性；种子批没有包装或没有统一的标识等。采取措施：重新划分种子批，移动种子批使其易于扦样，如确实不符合扦样要求，可以拒绝扦样。

（2）扦取初次样品　（根据容器种类确定最低扦样频率、选择扦样方法和扦样器具随机方法扦取初次样品，并制备混合样品。）此过程中容易出现错误：选择不当的扦样器、不适宜的扦样频率，扦样点分布不符合要求，各个扦样点扦取种子量不等都会影响到样品的代表性。采取措施：根据种子种类、容器选择合适的扦样方法和扦样器扦取初次样品。布点要考虑扦样点部位，对于袋装种子，从上、中、下各部位设立扦样点，对于散装种子，考虑深度。在实践中，要防止只图方便就近取样。

（3）分取送验样品　按对分递减或随机抽取的原则和程序分样；按规定重量分取不同检验目的的送验样品（此过程中容易出现错误）：选择不当的分样器、分样时没有符合对分递减或随机抽取的原则都会影响到样品的代表性。采取措施：选择适宜分样器、符合对分递减或随机抽取的原则。

（4）送验样品的包装和发送、填写扦样单　水分样品要密封包装，与发芽试验有关的送验样品不应装入密闭防湿容器内，可用布袋或纸袋包装，将样品尽快送检并附有扦样证明。

（5）样品的保存　需将样品在适宜的条件（低温干燥）下保存一个生长周期。

（6）单管扦样器进行扦样操作程序

①选择适宜长度的扦样器（具体长度应略短于麻袋斜角长度）。

②检查扦样器和盛样器是否干净。

③扦样时，先要用扦样器尖端拨开袋一角的线孔，扦样器凹槽向下，而且应袋角处尖端与水平成 30°向上倾斜慢慢插入袋内，直至到达袋的中心。

④手柄旋转 180°，使凹槽向上，稍稍振动，使种子落入孔内，装满扦样器；抽出扦样器，即可从孔口将种子倒入盛样器内，切记不可把样品袋套在扦样器上让种子自动流入袋中。

⑤用扦样器尖端在扦孔处画十字，拨好扦孔。

⑥确保混合样品在混合和分样时不会发生混杂。

**2. 净度分析步骤：**

（1）分析前准备（检查样品编号、称重、重型混杂物检查）。

（2）试验样品分取。用分样器从送验样品中单独分取试验样品 40 克。

（3）试样的分离、鉴定和各成分的称重，在净度分析台上，将试样分离成净种子、其他植物种子和杂质三种成分。试样鉴定颖壳没有明显损伤的种子单位均作为净种子，若颖壳有裂口，留下的种子部分超过原来大小的一半则属于净种子，不及一半则属于杂质。分离后各成分分别称重，以克表示，折算为百分率。

（4）结果计算，各成分百分率＝（该成分重量/三个成分重量之和）＊100％。例如净种子百分率＝（净种子重量/净种子＋其他植物种子＋杂质重量）∗100%。

**3. 水分测定步骤：**

（1）送验样品的检查。标签检查、容器密封是否完好、重量检查试验样品重量应不小于100克。

（2）水分测定前准备工作

a. 铝盒恒重。将待用铝盒（含盒盖）洗净后，于130℃条件下烘干1小时（盒盖置于铝盒一侧），取出后冷却称重，再继续烘干0.5小时，取出后冷却称重。当2次烘干称重结果误差≤0.002克时，取2次重量平均值。否则，继续烘干至恒重。

b. 烘干磨口瓶。将准备用来装粉碎试样的50毫升磨口瓶洗净揩干，置于130℃烘箱中烘干30分钟（烘干过程中将瓶盖放于磨口瓶一侧），取出盖好冷却至室温备用。

c. 预调天平。将天平预先打开、调平、校正，使之处于正常的工作状态。

d. 检查粉碎机。需磨碎的样品要预先检查、清理电动粉碎机，并选择大小适宜的筛片。

e. 干燥器检查。测定前检查干燥器的吸湿性能及密封状况。若硅胶呈粉红色则应提前烘干至蓝色，并及时在盖与底座边缘涂抹凡士林以增强密闭性。

（3）样品制备及称重，取样磨碎，用匙在样品罐内搅拌进行充分混合，并从此送验样品取15～25克进行磨碎（至少有50%的磨碎成分通过0.5毫米筛孔的金属筛），磨碎后称取试样两份，每份4.5～5.0克放入预先烘干和称重过的样品盒内，再称重（精确至0.001克）。记下盒号、盒重和样品的实际重量。进行测定需取2个重复的独立试验样品（磨碎种子应从不同部位取得）。必须使试验样品在样品盒的分布为每平方厘米不超过0.3克。取样勿直接用手触摸种子，而应用勺或铲子。

（4）采用高恒温烘干法 烘干试样，操作步骤：

a. 首先将烘箱预热至140℃～145℃，打开箱门5℃～10分钟后，烘箱温度须保持130℃～133℃。

b. 样品烘干时间为1小时。

（5）将烘干后的试样取出放入干燥器冷却至室温，约30～45分钟后再称重。

（6）结果计算。根据烘后失去的重量计算种子水分百分率，按式计算到小数点后一位。

种子水分（%）=［（M2－M3）/（M2－M1）］×100

式中：M1——样品盒和盖的重量，克；

M2——样品盒和盖及样品的烘前重量，克；

M3——样品盒和盖及样品的烘后重量，克。

**4. 发芽试验步骤：**

（1）用自动数粒仪或手工随机数取 400 粒，100 粒为一次重复，4 次重复。

（2）清水浸种，常规种清水浸种 12 小时，杂交种清水浸种 6 小时。

（3）发芽床选择，发芽床有纸床、砂床、土壤。其中纸床又分为纸上（TP）和纸间（BP）和褶裥纸（PP）3 种，以下步骤均为纸上发芽方法。

（4）置床，将滤纸裁成发芽盒大小，置于发芽盒内，放入适量水，待滤纸吸足水分后，沥去多余的水分即可，将浸种后的种子均匀地排在润湿的发芽床上，粒与粒之间应保持 1～5 倍间距，以保持足够的生长空间和避免发霉种子相互感染。将发芽盒置于人工气候箱，发芽温度 30℃，光照 8 小时，湿度 30%～80%，发芽期间发芽床必须保持湿润状态，但不应潮湿到种子周围出现水膜，发芽试验期间要定时定量补充水分，以保持发芽过程中各重复水分的一致性。

（5）鉴定幼苗和观察计数，水稻初次计数为置床第 5 天，末次计数为第 14 天，如有发霉的种子应去除并冲洗，严重发霉（超过 5%）的应更换发芽床。发现腐烂死亡种子，应及时将其除去并记载。在计数过程中，发育良好的正常幼苗应从发芽床中拣出，对可疑的或损伤、畸形或不均衡的幼苗，通常到末次计数。严重腐烂的幼苗或发霉的种子应及时从发芽床中除去，并随时增加计数。末次计数时，按正常幼苗、不正常幼苗、新鲜不发芽种子、硬实和死种子分类计数和记载。

发芽试验鉴定原则：

a. 如果有的幼苗发育很快，可以在初次计数进行鉴定；

b. 如果有的幼苗发育迟缓，可以在末次计数进行鉴定；

c. 如果有末次计数仍有较多的幼苗发育迟缓，可延长规定时间的一半，增加计数的次数；

d. 如果有的幼苗发霉或腐烂，则应及时从发芽床中清除；

e. 对有损伤的幼苗，尽可能延长观察时间，通常到末次计数。

（6）结果计算和表示

试验结果以粒数的百分率表示。当一个试验的4次重复（每个重复以100粒计，相邻的副重复合并成100粒的重复）正常幼苗百分率都在最大容许差距内，则其平均数表示发芽百分率。不正常幼苗、硬实、新鲜不发芽种子和死种子的百分率按4次重复平均数计算。

如果有副重复采用合并式计数各重复。如，每个重复50粒，8次重复的发芽结果分别为：49、50、46、46、47、4、46、48，采用合并式计算为4次发芽率，分别是：99%、92%、94%、94%，则平均发芽率为（99+92+94+94）/400=95.25%。

（7）数据修约

正常幼苗、不正常幼苗和未发芽种子百分率的总和必须为100，平均数百分率修约到最近似的整数，修约0.5进入最大值中。具体操作如下 ：

在发芽试验中，正常幼苗百分率修约至最接近的整数，0.5则进位。计算其余成分百分率的整数，并获得其总和。如果总和为100%，修约程序至此结束。

如果总和不是1000%，继续执行下列程序：在不正常幼苗、硬实、新鲜不发芽种子和死种子中，首先找出其百分率中小数部分最大值者，修约此数至最大整数，并作为最终结果；其次计算其余成分百分率的整数，获得其总和，如果总和为1000%，修约程序至此结束，如果不是1000%，重复此程序。如果小数部分相同，优先次序为不正常幼苗、硬实、新鲜不发芽种子和死种子。当所有小数部分相同且都为0.25时，遵照修约优先次序依次修约，将最后修约项加1%。

实例1：在发芽试验中，正常幼苗、不正常幼苗、硬实、新鲜不发芽种子和死种子4个重复的平均百分率分别为97.25%、0.5%、0.25%、0.5%和1.5%。

首先修约正常幼苗为97，取其他整数，得97+0+0+0+1=98，总和不是100，需继续修约。

因不正常幼苗、新鲜不发芽种子和死种子的小数部分相同时，按优先次序为不正常幼苗、新鲜不发芽种子和死种子进行依次修约。可得最后填报的结果为：97%、1%、-0-、1%和1%。

实例2：在发芽试验中，正常幼苗、不正常幼苗、硬实、新鲜不发芽种子和死种子4个重复的平均百分率分别为95.0%、1.25%、0.25%、1.25%和2.25%。

因不正常幼苗、硬实、新鲜不发芽种子和死种子的小数部分相同时，按优先次序为不正常幼苗、硬实、新鲜不发芽种子和死种子进行依次修约。可得最后填报的结果为：95%、1%、-0-、1%和3%。



（8）结果报告

发芽试验检测结果内容填写要求：

a. 发芽试验以最近似的整数填报，并按正常幼苗、硬实、新鲜不发芽种子、不正常幼苗和死种子分类填报。

b. 正常幼苗、硬实、新鲜不发芽种子、不正常幼苗和死种子以百分率表示，总和为100%。假如其中任何一项结果为零，则将符号“-0-”填入该格中。

c. 如果发芽试验时间提前结束，须在附加说明中说明原因：“第X天样品已达到最高发芽率”或“客户要求发芽率达到Y%提前结束”。

d. 如果发芽试验时间超过规定的时间，在规定栏中填报末次计数的发芽率。超过规定时间以后的正常幼苗数应填报在附加说明中，并采用下列格式：“到规定时间X天后，有Y%为正常幼苗”。

e. 表格中的附加说明一般包括：发芽床、温度、试验持续时间、发芽试验前处理和方法。发芽试验采用的方法用规程中的缩写符号注明，如采用纸间在20℃下进行试验，就用BP，20℃表示。

（9）幼苗鉴定细则

①正常幼苗的鉴定

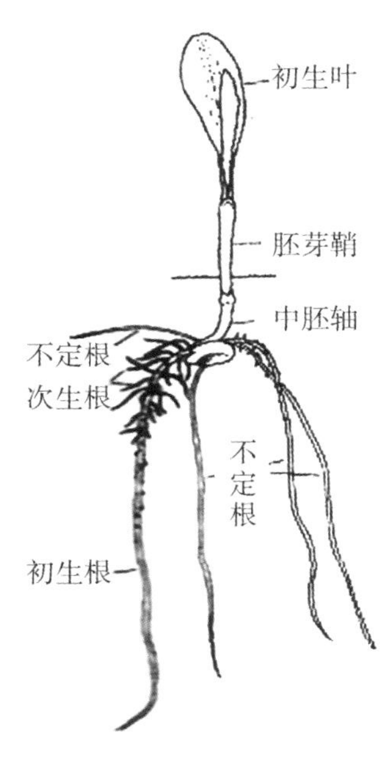


单子叶幼苗的主要构造

凡符合下列类型之一者为正常幼苗：完整幼苗、带有细微缺陷的幼苗、次生感染的幼苗。

完整幼苗：幼苗主要构造生长良好、完全、匀称和健康。因种不同，应具有下列一些构造。

发育良好的根系：细长的初生根，通常长满根毛，末端细尖；在规定试验时期内产生的次生根。

发育良好的幼苗中轴：出土型发芽的幼苗，应具有一个直立、细长并有伸长能力的下胚轴。

具有特定数目的子叶：单子叶植物具有一片子叶。

②不正常幼苗的判断

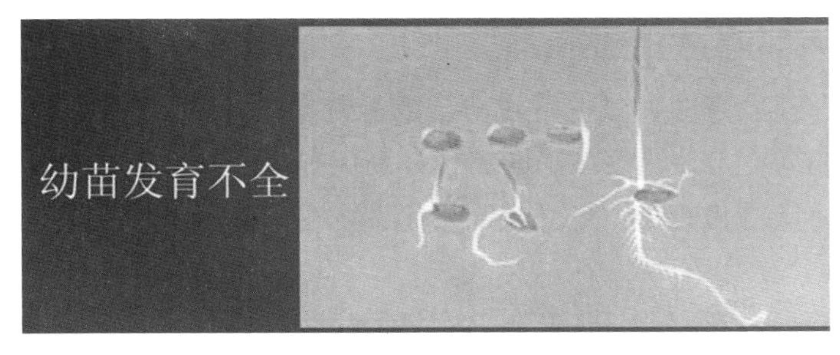

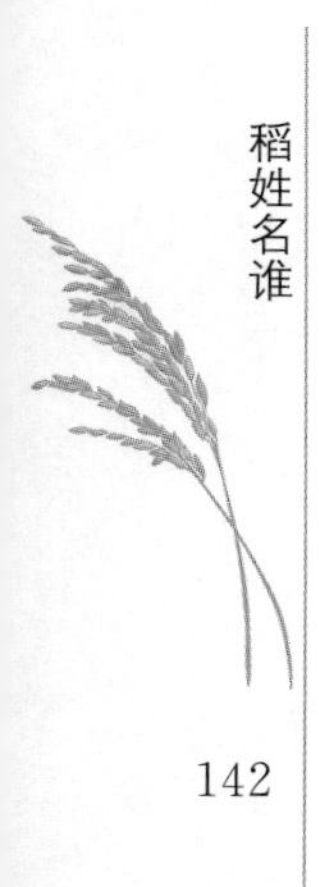



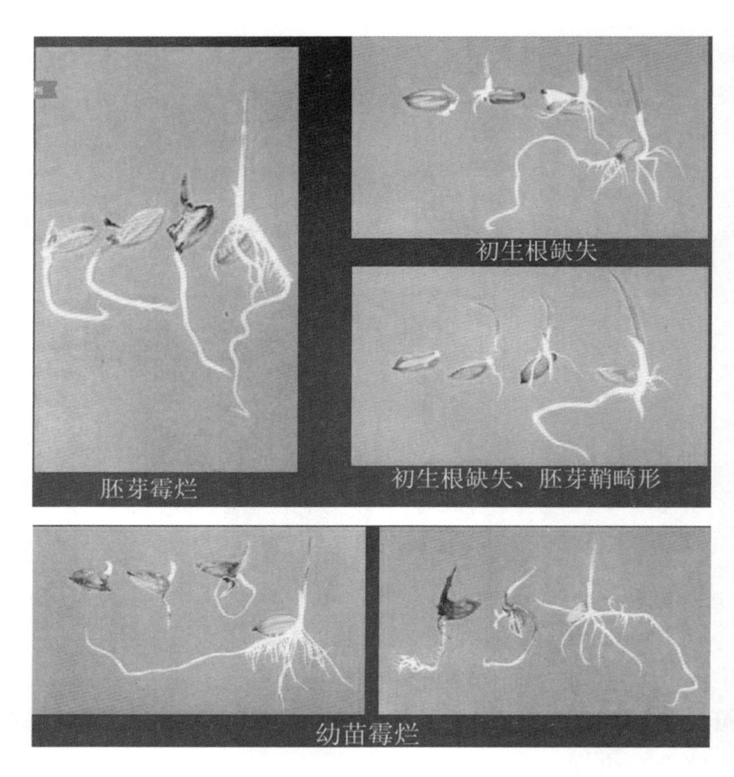


## 四、水稻种子的贮藏小常识

留种田要严格去杂去劣，单打单收，防止品种间的混杂，确保种子质量。水稻种子收获后要做好安全贮藏，如果贮藏不好，就会出现种子含水量高、被老鼠偷食、混杂等现象，造成一定的损失。因此，在稻种收后，要做好贮藏保管工作。

（1）晒干种子　种子含水量的高低是影响种子寿命的主要因素，贮藏时，必须严格控制种子的水分含量，籼稻在13%以下，杂交稻在12%以下。鉴别稻种含水量最简单的方法，就是抓几粒种谷放进嘴里用牙咬，若发出尖脆的响声即为干燥的种子。

（2）采用合理的贮藏保管方法　农家贮藏种子大多采用散堆、包装，或用仓、缸等存放。最好按不同品种分别用布袋装好，悬挂在通风、干燥的屋里。不能与化肥、农药、油类等有腐蚀性、易受潮、易挥发的物品混贮在一起。

（3）要做好隔离，严防混杂　贮藏时，种子袋内外应有种子标签，注明品种名称、数量等。在一个仓库同时贮藏几个品种时，品种之间要保持一定距离，以防错乱及品种之间的混杂。

（4）加强贮藏期间的管理 稻种贮藏期间要经常检查，以免种子发热引起霉烂变质及鼠害。

# 水稻有机栽培技术

## 一、基地建设

### 1. 基地选择

基地应选择在生态条件良好，远离城区、工矿区、交通主干线、工业污染源、生活垃圾等，并具有可持续生产能力的农业生产区域。

### 2. 基地转换

对曾受过化肥、农药及工厂、污水轻度污染的土壤，可以确定相应的净化转化途径和方法，可通过生物净化、工程净化、清洁灌溉及其他综合配套技术，实行净化修复，改良土质，培肥地力。使之达到生产有机食品对土壤质地的要求。在水稻栽培过程中，实现种养结合，保持资源的再循环，实现永续平衡利用资源。在转化时间上，稻田不少于24个月，新开荒的土地不少于12个月。

### 3. 基地隔离带

实行水稻有机栽培的基地与外界应有明显的边界，界限可以是林带、河流、围墙等有形的物理障碍物形成的隔离带，作用是不受外界的化学污染。

## 二、种子选择

既要注重品种优质化，又要考虑栽培地区的气候条件和土壤情况。要选择商品性好的种子，所选品种的种子要求发芽率在95%以上，纯、净度99%以上。所选品种不能越区种植。

## 三、农田耕作技术

### 1. 品种选择

选择通过湖南省审定的特种水稻品种或其他优质稻品种。如晚籼紫宝（紫米）、板仓香糯（糯米）、板仓粳糯（糯米）、湘晚籼12号（红米）。

### 2. 种子处理

种子播种前要进行种子处理，确保一次播种保全苗。首先进行种子发芽试验（发芽率达95%以上），其次是常规的晒种、盐水选种、浸种和催芽。催芽要做到“快、齐、匀、壮”，芽长不超过2毫米，以90%种子破胸露门为宜。催芽时适宜温度为25℃～30℃，不可超过30℃，以防伤热而发生病害。

### 3. 播种

湖南双季早稻3月20～30日播种，大田用量3.0～4.5千克。中稻4月20～25日播种，一季晚稻5月20～30日播种，晚稻6月10～20日播种。一般大田用量2.5～3千克，秧田播种量按1∶7（秧田与大田比）。一般要求进行稀播，培育壮秧。

### 4. 移栽

一般秧龄控制在25～30天内。采取适当稀植的插秧方式，提高插秧质量，做到边起秧、边插秧，浅插、插直、插匀、插稀，合理密植，发现缺苗断空地方，进行移苗补栽，确保苗全、苗齐、苗匀、苗壮。保证每亩大田8万～10万基本苗。

### 5. 肥料应用

所有肥料必须达到《绿色食品肥料使用准则》NY/T394－2000对有机肥料的规定标准。一般用每亩腐熟的菜籽饼100千克或用腐熟的鸡粪（或鸭粪）50千克于栽前施入土壤中。菜籽饼、鸡粪或鸭粪的腐熟方法为：在无污染的土地上，按1吨菜籽饼、鸡粪或鸭粪混拌3千克酵素菌速腐剂的比例，将其充分拌匀，湿度以“手握成团、齐胸落地即散”为标准，拌后用塑料薄膜覆盖，密封发酵7～10天后即可使用。注意在密封腐熟过程中，温度应控制在50～60℃。

有机稻在长生过程中，不施化肥，往往分蘖不足，叶色偏淡。因此，存移栽后7天每亩需追施腐熟的菜籽饼100千克作分蘖肥，搁田前期再追施腐熟的菜籽饼 100 千克，保住已有分蘖，提高分蘖成穗率。在本田生育期间，可按每亩每次 150 毫升的用量，叶面喷施酵素菌液肥 5 次；栽后 15 天喷施，促进分蘖；搁田中期喷施，可促进分蘖向成穗转化；促花期即叶龄余数 3.5 叶时喷施，可促进颖花分化；保花期即叶龄余数 1.5 叶时喷施，可提高结实率；始穗期喷施，可增加粒重。

**6. 水分管理**

有机水稻必须采取洁水灌溉（要求符合 GB5080DE 规定），绝不能用生活污水、工业用水灌田，应做到单排单灌。一定要选择水源条件好的地块，必须用井水灌溉，要设晒水池，提高水温，在水层管理上，要以浅水为主，以水增温，以水促控，以气养根，以根保叶，活秆成熟。具体管水方法是：移栽期要求浅水，返青后保持 2～3 厘米水层。有效分蘖前以浅水为主，提高地、水温促进分蘖。有效分蘖结束时，对水稻生长繁茂地块，排水并晒田 7～10 天，晒田程度达到田面发白、地面有裂纹、叶色褪淡挺直为佳。排水晒田后，采取湿、干的间歇灌溉，以根保叶，养根保蘖。后期如遇到夜间气温低于 17℃，采取深水护稻，水层保持在 15 厘米左右，可有效防御障碍型低温冷害。后期不能脱水过早，不然会影响米质，收获前 7 天脱水为宜。

**7. 病虫害防治**

（1）防治原则

以农业防治和物理防治为主，提倡生物防治，按照病虫害的发生规律和经济阈值。科学使用化学防治技术，有效控制病虫害。

（2）草害防治技术

防止杂草种子的传播，播种前清除种子内混杂的杂草种子，用作基肥的有机肥必须充分腐熟。插秧前对大田进行翻耕、灌溉、旋耙等多次作业，清除杂草。移栽后 20 天左右进行人工除草一次，推广稻田养鱼、养鸭等来控制草害，还可以结合灌水晒田来建立 1 个不利于杂草生长的环境来控制杂草的危害。

（3）病虫害防治技术

在病虫害防治上，一是释放赤眼蜂。分别在水稻分蘖盛期、破口期放赤眼蜂防治三化螟、稻纵卷叶螟，每亩每次放 2 万头。二是鸭稻共作，放小型家鸭下田吃虫子，以减少或除去稻基部的害虫如稻飞虱、地下害虫等。抛（插）秧后第 10 天放第 1 批小型家鸭；插（抛）秧 30 天换放第 2 批小型家鸭，每亩每次放 10 只。三是设置杀虫灯。实施杀虫灯诱杀害虫，插（抛）秧 20 天设置 20W 佳多频振式杀虫灯，诱杀三化螟、稻纵卷叶螟、稻飞虱、稻叶蝉等害虫成虫，降低田间虫口密度。四是喷施生物农药。分别在水稻分蘖盛期和破口期，防治稻瘟病、纹枯病、稻纵卷叶螟、稻飞虱等。五是种草保护天敌，以虫治虫。抛（插）秧前在稻田四周及田埂撒播种植臭草，为害虫天敌提供生存环境，利用天敌控制稻田虫口密度。防治福寿螺，分别在大田耙田前和抛（插）秧后根据福寿螺危害情况进行人工捕捉；耙田后抛（插）秧前，每亩撒施茶麸粉 15 千克。

**8. 收获**

有机稻成熟后要及时收割，收割前将田间倒伏和感病虫害的植株淘汰，以防止混入霉变或虫咬的稻谷。收割在 90% 谷粒变黄时进行，收割后要及时脱粒、晒干，晾晒过程中要防止其他杂谷混入。

# 超级稻

超级稻也叫超高产水稻，最早是1981年由日本率先提出并开展大规模全国性协作攻关。日本确定的超级稻指标为每公顷生产10吨糙米。继日本之后，中国、韩国和国际水稻研究所先后开展超级稻育种研究。国际水稻研究所确定的目标是比现有高产品种增产20%，或绝对生产潜力13吨～15吨/每公顷。我国超级稻研究始于1996年。当时袁隆平先生提出建议，在“九五”期间育成超高产杂交水稻新品种，产量指标为每公顷每日产稻谷100千克。若以生长期120天计算，也是12吨/公顷。这个建议被国家有关部门采纳，作为“超级杂交稻”立项，进入“863”计划，并成立了“中国超级稻”协作攻关组，确定了攻关目标。即第一阶段：到2000年，育成大面积亩产700千克，抗两种主要病虫害，主要米质指标达部颁二级优质米标准，小面积生产潜力达到750千克的超级稻；第二阶段：到2005年，育成大面积亩产750千克，小面积生产潜力800千克，抗两种以上病虫害，主要米质指标达到部颁一级优质米标准的超级稻。超级稻第三阶段计划为在2010年前，实现每公顷13.5吨（亩产900千克）的产量目标。第四阶段：超级稻育种目标为每公顷产量15吨（亩产1 000千克）。

目前，中国在超级稻育种方面已取得重大突破并居国际领先水平。全国已选育成功一批达到生产应用水平的超级稻品种，并开始在生产上大面积推广应用，取得了显著的社会效益和经济效益。其中最具代表性的品种包括：中国水稻研究所培育的三系法亚种间籼型杂交稻组合协优9308，福建农业科学院培育的三系法亚种间籼型杂交稻Ⅱ优明86等，湖南国家杂交水稻研究中心与江苏农业科学院合作育成的两系法亚种间籼型杂交稻组合两优培九等。这些超级稻的大面积产量潜力达每亩800～1000千克，在高产的同时米质也达到了部颁二级优质米标准。

# 野生稻

目前大面积种植的水稻统称为栽培稻，栽培稻均来源于他们的祖先——野生稻。中国有三种野生稻：普通野生稻、药用野生稻、疣粒野生稻。

普通野生稻：我国普通野生稻最早被丁颖教授1926年在广州郊区沼泽地发现。分布较广，喜温水生，具广泛适应性。形态特征与栽培稻相似，分蘖散生，穗粒稀疏，不实粒多，易落粒。

药用野生稻：海南多，广西、云南少量分布。分布北限24°17’N。有地下茎，植株高大，叶长而宽，叶尖下垂，叶耳有缺刻和缘毛，穗大，穗梗特长，无芒，成熟籽粒紫褐色，易脱粒，感光性强。适于酸性土壤。

疣粒野生稻：1932～1933年在海南崖县被发现。陆生宿根性植物，有地下茎，颖面有不规则的疣粒突起。适于微酸性土壤（pH6～7），对温、光、土、湿要求严格。

# 特种稻

特种稻，广义讲指有别于一般普通栽培水稻的稻种资源。狭义讲是指具有特定遗传性状和特殊用途的水稻，是根据某个特定阶段、特定地区规定的。在湖南目前特种稻主要包括五大类型：

有色稻：指糙米带有黑、紫、红、黄，绿等颜色，有大量的色素和营养成分存在于糙米的糠层中。这些色素都是水溶性花色素（花青素）物质。在这些色米中，尤其以黑、紫米为多数，它不仅有色泽迷人的天然色素，还含有丰富的营养成分，如蛋白质、赖氨酸、植物脂肪、纤维素和人体必需的矿质元素，以及丰富的维生素，尤其含有一般大米所缺乏的维生素 C、胡萝卜素、叶绿素和药用价值很高的强心苷等。

糯稻：目前主要指直链淀粉含量≤2%的水稻。

营养功能稻：一般包括能够生产出甜米、高蛋白米、低蛋白米等的专用稻，在具有特殊遗传性状的水稻种质资源和人工育成的品种（系）及转基因稻的稻米中含有丰富的人体生长、发育、繁衍所必需的七大营养素(蛋白质、脂肪、碳水化合物、矿物质、水、纤维素)，并在某些方面较普通大米有突出优点。

加工专用稻：包括适合米粉、啤酒、酱油等加工用途的水稻。

观赏稻：包括其稻草有特殊用途的水稻，如叶片紫色、黄色、白色等水稻，也包括多胚稻、复粒稻、粒型特大（小）等。

# 彩色稻

彩色稻是指稻米、叶片或谷壳等不同于普通水稻的水稻。大体可分三大类型：

一类是稻米彩色，即我们常说常见的（红、黑、紫）大米带有色泽的稻米，这是由于花青素在果皮、种皮内大量堆积，从而使糙米出现绿色、褐色、紫色、红色、紫黑色、黄色、黄褐色、咖啡色、紫红色、乌黑色等颜色。通常，色米的色素集积在种皮内，迄今未发现胚乳有色泽的品种。目前有色米以红米、紫米和黑米占绝大多数。湖南的彩米品种有湘晚籼 12 号、晚籼紫宝。

二类是叶片彩色：指水稻的叶片呈现出不同于常见绿色的红色、紫色、黄色、白色等，主要以红色、紫色为主，这类彩色稻大米有些也带有红、黑、紫等色泽，但大部分稻米为我们常见的普通白米，主要用于景观、标记等。

三类为谷壳彩色：指水稻的叶片与大米跟普通白米水稻相同，但谷壳呈现不同于黄色的棕色、褐色、红色、黑色。

# 关于彩色水稻的三大误解

由于彩色米（红、黑、紫）营养丰富，并具有保健及药用价值。近年在湖南各地均有不同程度的发展，但人们对（红、黑、紫）等彩色稻有些误解。

## 误解一：彩色稻就是红、紫色等彩色米的水稻

彩色稻是指包括稻米、叶片、谷壳等不同于平常常见的普通水稻。大体可分为三大类型：一类是稻米彩色，即我们常见的大米带有红、黑、紫色泽的稻米，这是由于花青素在果皮、种皮内大量堆积，从而使糙米出现绿色、褐色、紫色、红色、紫黑色、黄色、黄褐色、咖啡色、紫红色、乌黑色等颜色。通常，有色米的色素集积在种皮内，迄今未发现胚乳有色泽的品种。目前有色米以红米、紫米和黑米占绝大多数。湖南的彩米品种有湘晚籼 12 号、晚籼紫宝。二类是叶片彩色。指水稻的叶片呈现不同于常见绿色的红色、紫色、黄色、白色等，主要以红色、紫色为主，这类彩色稻大米有些也带有红、黑、紫等色泽，但大部分稻米为我们常见的普通白米，主要用于景观、标记等。三类为谷壳彩色。指水稻的叶片与稻米跟普通白米水稻相同，但谷壳呈现不同于黄色的棕色、褐色、红色、黑色。

## 误解二：彩色水稻是转基因稻

红、黑、紫等彩色水稻主要是育种专家利用杂交和反复回交以及花药培养等技术手段，结合冬季海南异地加代等方法选育出来的，它们是普通水稻的“精装版”，不是转基因水稻。主要采用的是普通杂交技术，这种技术不同于转基因，目前市场上很多大米品种都是通过杂交技术培育而来

的。杂交技术是遗传育种上常用的方法，是通过两个不同性状的亲本（通常为同一物种）进行交配（或授粉）来获得后代，然后在后代中选择优良的纯合体品种。比如用高产但不抗稻瘟病的水稻与抗稻瘟病但不高产的水稻品种杂交，从其后代中可以选育抗稻瘟病的高产品种。而转基因是分子生物学常用的方法。首先要获得目的基因，然后通过适当的载体把目的基因转移到靶细胞中，目的基因与靶细胞不一定来自同一物种。我国对转基因食品管理很严格，现在转基因大米并未被允许在市场上销售。彩色水稻的形成，主要是它体内有一个重要基因。水稻由很多个基因组成，就像一台复杂的机器，每个基因就是这台机器的一个按钮或者操控键。控制水稻果皮色泽的按钮代号 Rc，它主要参与水稻果皮原花色素的合成。当你把按钮 Rc 和另外的一个按钮 Rd 一起按下时，它们给整台机器一个信号，那就是让水稻果皮呈现红色；当你单独按下 Rc 时，水稻果皮呈现褐色；当 Rc 被隐藏，不工作时，水稻果皮呈现白色。

### 误解三：彩色水稻可以大量种植推广

尽管彩色水稻特色明显，部分稻米富含花青素，营养丰富，但绝对不可盲目扩大种植面积，主要有如下原因：（一）水稻新品种的推广种植，目前必须要进行严格的试验与审定登记，目前审定的彩色稻品种极少。一般这类品种产量较低，有些品种稳定性较差，而且容易混杂。（二）一般食用的彩色稻米为糙米，其质地紧密、口感较粗，入口性差，导致彩色米饭消费群体受限；而用彩米煲粥、糙米饮料消费量少；掺入白米中混合煮饭、直接蒸煮或做成发芽糙米饭，其制作的技术含量高；而利用彩色米加工成彩色面包、彩色营养芝麻糊、彩米饮料、彩米粉丝、彩米营养米粉、彩米果茶、彩米软糖、彩米醋、彩米冰激凌等成本较高。建议种植户在自有流转的土地上，采用以销订产的原则有序地种植开发彩色稻。

# 选择食用糙米的三大理由

糙米是指除去外壳保留的全谷粒。即含有皮层、糊粉层和胚芽的米。稻谷经砻谷机脱去颖壳后即可得到糙米，一般质地紧密、口感较粗，煮起来比较费时。

第一，糙米的营养价值高。大米中60%～70%的维生素、矿物质和大量必需氨基酸都聚积在外层组织中，糙米的蛋白质质量较好，主要是米精蛋白，氨基酸的组成比较完全，人体容易消化吸收。而我们平时吃的大米虽然洁白细腻，营养价值已经在加工过程中有所损失，再加上做饭时反复淘洗，外层的维生素和矿物质进一步流失，剩下的主要是碳水化合物和部分蛋白质，营养价值比糙米差远了。

第二，糙米的微量元素等含量高。糙米中米糠和胚芽部分含有丰富的维生素B和维生素E，同时钾、镁、锌、铁、锰等微量元素含量较高，还保留了大量膳食纤维，如一般糙米中钙的含量是精米的1.5～2倍，含铁量是精米的2～4倍，烟碱素是精米的3～5倍，维生素B1是精米10～15倍，维生素E是精米的10～12倍，纤维素是精米的14～16倍。

第三，糙米的食用功效好。“药补不如食补”，现代营养学研究发现，长期食用糙米，对肥胖和胃肠功能障碍的患者有很好的疗效，能调节体内新陈代谢，内分泌异常等；能使细胞功能转为正常，保持内分泌平衡；能预防心血管疾病、肠癌等；能治疗贫血，治疗便秘，净化血液；能加速血液循环，提高人体免疫；还能帮助人们消除沮丧烦躁的情绪，使人充满活力。另外糙米可有效防止人体吸收有害物质，达到防癌的作用。

# 糙米食品的开发前景无限

目前全世界吹起了一股“自然食疗法”之风，越来越多的人开始认识到许多疾病，包括前心脏病、癌症等，皆因不良饮食习惯所致，很难靠药物或手术达到康复的目的，而依赖自然食疗或许可以改善甚至复原。现代中西医学界证实食用天然保健食品是人类实现健康的最佳途径。权威研究者、营养专家、成人病学者都极力推荐未精制谷物。糙米有助于人们的健康，是健康美体、美容皮肤的理想纯天然食品，具有很高的开发利用价值，在全国得到广泛重视和推广。糙米口感不易被人们接受，同时由于其粗纤维皮层分子结构十分紧密，不易被消化和吸收，而且煮食方法较繁杂、费时费力，不符合现代人的生活节奏，所以从蒸煮品质、适口性、消化性方面同精白米比较，糙米处于劣势。因此，糙米长期被人们所忽视。

科学技术的进步为糙米食品开发奠定了基础。采用高科技加工处理糙米，研究、开发、制得了各种既保证糙米营养又具有保健功能且易消化、口感好的方便糙米食品。有学者预言，糙米食品将成为未来的主食。我国稻谷种植面积及产量居世界首位，糙米食品的开发研究、生产销售、品质检测等“一条龙式”的新一代稻谷深加工产业尚在起步阶段，但糙米食品的产业化开发必将促进我国人民生活质量的提高，糙米食品的开发生产有着广阔的前景。主要开发产品包括：（一）发芽糙米：发芽糙米是将糙米经过发芽，所得到的由幼芽和带糠层的胚乳所组成的糙米食品。其营养价值超过糙米与精白米，并具有多种功能性疗效，是新一代“医食同源”的主食产品。（二）速食糙米粉：速食糙米粉是利用生化法或膨化法等现代食品加工技术加工的一种糙米食品。它具有良好的可口性、营养性、消化吸收性、耐贮性，并且食用安全卫生、快捷、方便，加水后即能变水或胶糊状、半流质状、浆汁状。（三）糙米酵素：糙米酵素是利用生物技术制取的微生物型功能性食品基料，即以糙米为主要营养源，在胚芽及米糠中，加入纯正蜂蜜后，利用酵母菌经发酵培养并经过干燥等工艺制成的产品。酵母菌在吸取糙米营养的同时，会衍生出数十种新的酵素，即糙米酵素。它不仅包括了糙米原来的全部营养成分，也包括了由酵母菌产生出来的数十种酵素，这是一种糙米营养源与酵素一体的食品，其营养价值，超越了糙米本身。（四）其他糙米食品：包括糙米面条、糙米面包、糙米饼干、调理糙米、糙米浆、糙米片、糙米饮料等系列糙米食品。

# 生物色素——未来食物营养的发展方向

随着社会日益进步，人们生活水平不断提高，健康理念不断更新。如：青少儿追求长高益智，学业超群；女人追求体态苗条，健美常驻；男人追求身材结实，雄风不倒；老人追求美发养颜，延年益寿。为满足不同人群的需求，我们在绿色食品、有机食品、生态食品的基础上要大力发展功能性食品。目前高端人群关注膳食中营养素之间的平衡和合理搭配，特别重视膳食纤维在人体营养中的作用和菜、果、瓜、豆等青色食品作为主食之一的地位。但是由于在青果、青菜、青瓜、青豆的栽培过程中，大量使用农药和化肥既污染环境，又使食物带上了残毒，因而也出现了不利健康因素。

预计今后食物营养的发展方向是具有抗氧化、清除自由基、延缓衰老的“非营养作用”物质——生物色素。所谓生物色素是指自然存在于动植物、微生物体内，具有清除人体自由基、抗氧化、抗衰老功能的有色物质。自然界中分布最广的而且最重要的生物色素有类胡萝卜素类、叶绿素类、黄酮类及花色素类等。黑色与紫色、红色食品是生物色素的最重要的载体。自然颜色越深的食物更富含类胡萝卜素、黄酮类化合物和动物黑素等生物色素，因此，针对不同地区、气候、身体发育期及不同作业人群的需求，结合现代营养学与医学及生化工程进步，大力发展富含抗氧化、抗衰老的生物色素的深（黑）黑色食品，是今后改善食物结构的重点发展方向之一。

# 功能性营养稻米发展前景好



功能性营养稻米是指具有一般稻米营养成分，但富含有某种生理活性物质，具有调节人体生理活性功能的稻米。功能性稻米与普通食用稻米的区别就在于它具有的某种生理活性成分含量高，而食用稻米中含量低或者没有。如有色稻米中的黑米与紫色米除含有普通食用稻米的营养成分外，还富含一般食用稻米中所没有的维生素、天然色素、木酚素及黄酮类化合物。目前功能性营养稻米的开发和利用在国际上已获得较大成效，如 20 世纪 90 年代初日本就育成了“巨大胚”稻米，该米具有高含量的 r－氨基丁酸，对高血压患者具有较好的治疗效果；国际水稻研究所也育成了富铁高产水稻品种 R64，这种稻米可减轻贫血病患者的贫血症状；近段时间在我国广州、上海等地出现的“减肥大米”，其赖氨酸含量比普通食用大米约高 1 倍，热量则低许多，且可以降低人体血液中的胆固醇。

我国对功能稻的应用很早，在明代李时珍的“本草纲目”中就有关于黑米具有补血之功效的记载。但现代我国对功能稻的开发利用与国外相比则显得较为落后，我国对功能稻米的研究与开发，是在全民温饱问题解决之后才开始的，目前尚处于研发阶段。中国水稻研究所、南京农业大学、上海交通大学、湖南省水稻研究所等科研院校已从日本、国际水稻所引进适合贫血病人，高血压患者的专用品种或育种材料，通过育种手段选育出适合我国种植的功能性水稻专用品种，现已取得较大进展。未来，市场上将会出现我国自行培育开发研制的新型功能性大米。随着我国人民生活水平的不断提高，市场对稻米品质功能的要求也越来越高，加上近年国内心血管病患者、肥胖症患者及贫血病患者已超亿人，市场对功能稻米潜在消费需求量日益扩大，前景十分可观。湖南是我国稻米的主产区之一，有发展特种功能水稻的优越生态环境和自然条件，湖南山清水秀，空气清新，是生产天然、安全、有效的功能稻米的宝地。

# 发展特种有色稻米“钱”景广大

水稻是我国人民的主要粮食作物，特别是南方各地稻米消费量较大。特种水稻是普通水稻的变异类型，是色、香、味、口感特异的品种。具有独特的营养成分，富含人体所必需的多种氨基酸、色素等，米质优良，具有保健作用和药用价值，深受消费者的喜爱，市场需求量较大，在各阶层中都有一定的消费人群。随着我国中产阶级数量的不断增加，对优质特异稻米的需求量也在不断增加，这为特种水稻的发展提供了机遇。

种植特种有色稻（红米、紫米、黑米）效益好，有色稻米市场价格比普通水稻价格高2倍以上。特种水稻的产量高，紫米、黑米水稻等每亩稻谷产量在400千克以上。特种米的价格高，一般每千克的价格在10元以上，部分功能稻米如减肥大米每千克在40元左右，种植特种水稻亩收入在2 000～3 000元之间。

水稻生产中大米质量问题和无公害问题越来越受重视。人们在消费大米时，不光是为了填饱肚子，更是要求营养价值高，色、香、味俱全。因此，保健大米是将来的发展趋势。另外，具有药用作用的大米，今后也将有较大的发展空间。做饭和做粥等专用型大米具有发展潜力。

# 黑米的营养与特性

黑色稻米是指糙米色泽为黑色的稻米。由于花青素在果皮、种皮内大量积累，从而使糙米出现黑色。一般黑米的黑色素集积在果皮内。其营养特点与特性如下：

## 一、黑米的营养特点

黑米营养丰富，并具有保健及药用价值，明代李时珍在《本草纲目》中记载食用黑米具有“滋阴补肾、健脾暖肝、明目活血”等功效，因而在民间黑米有“珍贡米”“药米”之誉。主要包含：（一）矿物质。黑米所含矿物质中铁元素含量显著高于糙白米，其次硒、锌、锰等含量也比普通白米高。另外，黑米中维生素 $B_1$ 含量也很丰富，比普通白糙米高出 30%左右。（二）蛋白质与氨基酸。黑米中的蛋白质、8 种必需氨基酸的含量均高于一般稻米；黑糙米中蛋白质含量范围为 11.5%～15.2%，比普通白糙米高 3%，氨基酸组成质量也比普通白糙米高。（三）粗脂肪和粗纤维。研究表明，黑米糙米中粗脂肪及粗纤维的含量高于普通糙白米，平均含量比普通糙白米高出约 47%～59%。（四）色素。黑米的色素主要聚集在种皮或米糠中，属花色苷类化合物。黑米色素主要成分为矢车菊-3-葡萄糖苷。

## 二、黑米的药用特性

黑米中含有花色苷和具有生理活性的微量元素，具有很高的药用价值。科学家研究，黑米色素中含有的花青素类化合物（又称花色苷），是一类具有生物活性的黄酮类物质。黑米皮色素具有很强的抗氧化活性和清除自由基能力，人们可以通过适量补充黑米色素来缓解疲劳。医学试验证明黑米作为食疗食品经常食用，降血脂作用显著，可起到预防心脑血管疾病的作用。因为黑米皮所含的花色苷，可使胆固醇的合成减少或者代谢转化速度加快，从而降低总胆固醇及甘油三酯进而降低血脂。

## 三、黑米的加工特性

人们进一步认识了黑米特有的营养和食疗价值，黑米深加工业得到长足发展，以黑米为主料或配料制作的风味食品、特色酒、保健饮料、营养米粉等不断涌现，提炼的天然黑米色素也备受重视，发展前景广。民间较早利用膨化技术在高温高压下把黑米瞬时 α－化加工黑米快餐粉或把黑米预先半碎化煮成快餐粥。同时也有人利用黑米加工成黑米面包、黑米营养芝麻糊、黑米饮料、黑米乳酸菌饮料、黑米粉丝、黑米营养米粉、黑米果茶、黑米软糖、黑米醋、黑米冰激凌等。

# 多吃有色稻米益处多

有色稻米是指带有色泽的稻米，这是由于花青素在果皮、种皮内大量堆积，从而使糙米出现绿色、褐色、紫色、红色、紫黑色、黄色、黄褐色、咖啡色、紫红色、乌黑色等颜色。通常，有色米的色素集积在种皮内，迄今未发现胚乳有色泽的品种。目前有色米以红米和黑米占绝大多数。一般食用的有色稻米为糙米。

1. 有色稻米是“心脏守护神”。有色米中含有丰富的维生素，尤其是维生素 B1，使有色米有了“心脏守护神”的称号。此外，有色米富含钾、镁、锌、铁、锰等微量元素，十分利于预防心血管疾病和贫血症，其中富含的铜被称为“心血管护卫者”。同时胚芽中的不饱和脂肪酸具有降低胆固醇，保护心脏的作用。

2. 利于排毒。有色米中含有大量的膳食纤维，膳食纤维被称为“第七营养素”。这些膳食纤维能促进肠胃蠕动，软化粪便，加快人体的排毒速度，从而使肠内有益菌增殖，有害菌排出，有利于预防肠癌和便秘的发生。膳食纤维还能与胆汁中的胆固醇结合，促进胆固醇排出，帮助高脂血症人群降低血脂。

3. 利于减肥。有色糙米饭的含糖量要远远低于白米饭，在吃同样数量时具有更好的饱腹感，人体消化吸收速度较慢，这样可以有效控制食量，更好地帮助肥胖者进行减肥瘦身。同时，糙米中的锌、铬、锰、钒等微量元素有利于提高胰岛素的敏感性，对糖耐量受损的人很有帮助，而能很好地控制血糖。

4. 有效预防过敏。研究发现，部分人被皮炎、湿疹等过敏性疾病所困扰，与食物选择不当关系密切，如偏食肉、奶、蛋类食品，造成体内红细胞质量降低，缺乏生命活力。由这类低质量红细胞组成的人体，对自然的适应能力和同化能力都大大削弱，加上牛奶、蛋类的蛋白质分子易从肠壁渗入到血液中去，形成组织胺、羟色胺等过敏毒素，刺激人体产生过敏反应而发病。有色糙米所供养的红细胞生命力强，又无异体蛋白进入血流，故能防止上述过敏性皮肤病的发生。

5. 有色稻米越吃越开心。有色糙米因为外观五颜六色，在人体感官上带来愉悦。而且有色糙米中米糠和胚芽部分含有丰富的B族维生素和维生素E，它们不仅能提高人体免疫力，增强对病毒的抵抗能力，还能有效促进血液循环，消除烦躁情绪，让身心更加健康有活力。

# 如何食用有色大米

有色大米是指带有黑色、红色、紫色等色泽的稻米，一般的有色米为糙米，质地紧密、口感较粗。由于营养量高，一般人吃比普通米更少的量就可吃饱。如何食用才比较科学呢?

1. 煮粥。直接将本米和水按照 1∶10 的比例进行煮粥。也可以把本米用豆浆机打磨成米浆再煮粥。

2. 有色混合米饭。按照 1∶10 把本米加入白米中，充分拌匀后，与普通白米饭一样蒸煮即可。

3. 直接蒸煮有色米饭。先用水将本米浸泡 10～15 小时，带水一起倒入高压锅，煮 30 分钟左右；用电饭煲煮时，应增加煮食的时间。

4. 鲜米汁。用开水泡本米 30 分钟，加水用豆浆机打成糙米浆即可食用。

特别提醒：食用天然有色米饭需要细嚼慢咽，每天建议 100 克左右。

# 现代文明病的营养稻米预防

现代人由于维生素摄入量仅仅达到人体需要的20%～50%（我国居民维生素A、维生素B1、维生素B2的摄入量分别是推荐量的59.8%、76.9%和61.5%），同时又长期、大量地食用含有“三高”（高能、高脂、高蛋白质）的食品，常引发各种“富贵病”和“文明病”。如心脑血管疾病，我国每年发病达200万人次，死于脑卒中者达150万。据调查，冠心病死亡率近8年在城市中增加了53.4%，成为头号杀手。儿童肥胖症，我国儿童肥胖者约占10%，世界有11亿成年人和2 200万5岁以下的儿童肥胖。糖尿病，2012年我国糖尿病患者达到5 000万，发病率呈年轻化。电视眼病，发病率已达1.2%。长期盯着闪烁的荧光屏会使眼球充血、流泪，长时间观看电视，神经疲劳、视力减退，可使视网膜的感光功能失调，发生眼球干燥，重者可发生夜盲症。

我国有70%的人口以稻米为主食，通过改良现有稻米的营养品质，通过科学食用营养稻米就可以有效预防现代文明病。现代科学研究表明，稻米由三部分组成：第一是胚乳，它占了稻米体积的92%；第二是糠层，占5%；第三是胚芽，占3%。但从营养方面来看恰恰相反，也就是只占3%体积的胚芽，其所含的营养成分是整粒米的70%。大米中60%～70%的维生素、矿物质和大量必需氨基酸都聚积在外层组织中。据研究黑米、红米、紫米等特种稻与普通稻米相比，含有更丰富的蛋白质、氨基酸、植物脂肪、矿物质元素和维生素等营养成分，除此之外，还含有膳食纤维、不饱和脂肪酸、黄酮、强心苷、甾醇、生物碱等特殊的功能因子，可以起到预防和治疗动脉硬化、冠心病、糖尿病、高血压等现代文明病的作用，同时还具有滋润皮肤达到美容的效果，有色稻米产品将成为千家万户餐桌上的常用食品，其在人们的膳食结构中所占份额会越来越多，开发、研究和培植集天然的色、香、味于一体的特种稻米的前景十分广阔。

# 晚籼黑米稻保优高产栽培关键技术

## 一、主要特征特性

晚籼黑米营养丰富，有滋阴补血、乌发防衰老之功效，历来作为滋补品食用。因其米质优良，口感较好，市场需求量虽不太大，但种植效益高，有较好的经济效益（目前黑米市场零售价每千克10～30元），农户乐意种植。晚籼黑米稻一般具有部分共同的特性：如种子和秧苗生命力强、种子发芽出苗率高、分蘖力不强、穗长粒稀、穗粒数少、抗寒性强、抗飞虱。特别是黑米颜色与其食味受栽培水平的影响极大。因此，在保优高产栽培上应抓住以下几个关键技术措施。

## 二、关键技术

1. 选用良种：建议到正规种子店购买通过种植地省级审定的黑米稻品种。

2. 适时播种：一般6月12～18日播种；每亩大田用种量2.0～2.5千克，每亩秧田播种量控制15千克以内。同时应采用多效唑浸芽谷，一般每千克种子用多效唑3克对水1千克浸芽谷15分钟捞出沥干即可播种。

3. 培育多蘖壮秧：2叶1心时每亩秧田追尿素4～5千克促秧苗早分蘖。移栽前7天左右每亩秧田追尿素3～4千克作送嫁肥。移栽前2～3天施药一次，防止秧苗带病虫到大田。

4. 适时移栽：以秧龄不超过30天为宜（最多不能超过35天）。插植密度5～6×6寸，每蔸插4～5苗，每亩插足8万～10万基本苗。

5. 增施磷钾肥、少施或不施石灰：磷肥以作基肥为主，钾肥以结合第一次中耕追施为主，孕穗期少量补施，抽穗前后磷钾肥都可叶面喷施。栽培田块要少施或不施石灰。因为黑米稻如果吸收钙质过多，米饭会比较粗糙，食味不佳。

6. 尽量少用或不用农药：采取以农业防治为主的综合防治措施，包括选用抗病虫品种，处理病稻草，打捞残渣，浅灌露田，适时晒田，除净稗草，利用土法土药防治病虫害等，以达到控制和消灭病虫害而又少农药残留的目的。

7. 后期切忌断水过早：一般宜在收割前 7 天左右断水，如果成熟期断水过早，不仅会增加空壳率，降低千粒重和产量，而且会影响黑米稻的品质。

8. 适时收割：根据需要进行收割，一般 85%稻谷成熟时收割，稻米颜色相对较浅；稻谷成熟超过 95%收割，米饭粒相对粗硬些。做到单收、单晒、单贮，防止人为或机械混杂。

9. 注意改进晒谷方法：切忌在烈日下摊在水泥地曝晒。一般开始晒时可摊 7～10 厘米厚，做到勤翻动，以防止脱水过快。

# 四招快速鉴别真假黑米

黑米是因花青素在水稻颖果果皮中浓集沉积而使其糙米外观呈黑色（或紫黑色）的一种特种稻米。人们根据米粒表皮色泽不同而分别冠之以“黑”“紫”“血”等形容词。初步研究表明，“黑米色素”与“紫米色素”两者的色素都是同一类花青素，属黄酮花色苷类化合物，含量一般时呈现紫色，含量高时即呈现为黑色。市场上经常有染色黑米的报道，作为普通消费者，如何快速鉴别真假黑米呢？

## 一、看

| | 真黑米 | 染色黑米 | 备注 |
| --- | --- | --- | --- |
| 米皮 | 有 | 一般无 | 市场上出售的黑米均为保留糠层（含果皮、种皮、糊粉层等）的糙米。染色米一般以白米为原料，普通白米通常是把糠层去掉，以精白米的方式食用。 |
| 米槽（棱） | 有 | 一般无 | 一般染色原料的白米是精米，表皮比较光滑。 |
| 成色 | 不均匀，粒间有差异。 | 比较均匀，粒间差异少。 | 天然黑米去壳出糙后一般会出现少量断裂黑米，其外皮破损从而露出内部胚乳的自然色，成熟度不一致的天然黑米粒间还会有一定程度的色差。 |

## 二、搓

将一小撮米放到用水浸湿的软纸（或卫生纸）上，然后用手搓，搓后纸上留有明显黑色，很可能就是染色大米。

## 三、掰

把黑米从中间掰断，真黑米米心为乳白色或透明无色。若米心为乳白色可判别为黑糯米，米心透明无色可判别为黑粘米；粒形细长者大致为黑籼（糯或粘），短圆者大致为黑粳（糯或粘）。如果黑米粒掰断米心为黑色或有其他颜色渗入，一般可以判定为染色米。因为花青素在胚乳中是不存在的。

## 四、泡

取小量用普通食用白醋浸泡几分钟，真黑米浸出液呈现玫瑰红色，染色黑米呈现黑色或不变色。因为天然黑米本身含有水溶性花青素，在浸泡时部分色素迅速溶解于水而使浸出液明显变深黑紫色，但遇到白醋中的酸即变成红色。染色黑米，如果使用的染色剂是水溶性的，浸泡后则呈现黑色，非水溶性浸泡后则不变色。

也可委托检测机构采用岛津 UV250 型紫外可见分光光度计对其浸出液与天然黑米浸出液进行扫描对照比较。如委托测试的黑米样品与对照天然黑（紫）米样品在紫外吸收区的吸收峰相似，未见有其他杂峰出现，即可判定该黑米测试样品不含其他人工染色剂，为天然米。

# 四、魅力稻企



## 袁隆平农业高科技股份有限公司

法定代表人：毛长青

袁隆平农业高科技股份有限公司（简称“隆平高科”）1999 年成立，2000 年上市，是一家以“杂交水稻之父”袁隆平院士的名字命名、并由袁隆平院士作为主要发起人设立的高科技现代化种业集团，第一大股东为中信集团；是首批拥有完整科研、生产、加工、销售、服务体系的“育繁推一体化”的种业企业之一。现在，公司以杂交水稻、杂交玉米、蔬菜种业为核心，以谷子、食葵、小麦等种业为主营业务方向，聚焦种业，以做种子行业全能型选手为目标。

自成立以来，隆平高科始终坚持战略引领和创新驱动，以“推动种业进步、造福世界人民”为使命，致力成为世界优秀的种业公司，为客户提供综合农业服务解决方案，为民族种业崛起而努力前行。

强大的研发实力是隆平高科的核心竞争力。公司加大投入力度，建立了流程化、标准化、规模化的商业化育种体系，打造了传统育种平台（隆平科学院、玉米科学院等）、分子育种研发平台（华智生物、长沙实验室）和种质资源测定平台（隆平巴西），并立足种业技术制高点，搭建了转基因玉米研发平台（杭州瑞丰、隆平生物）。

公司在全球主要生态区建立水稻和玉米育种站，在全国主要生态区建立蔬菜、谷子、食葵育种站。公司生态测试网基本实现国内全面覆盖，水稻、玉米逐步向南亚、东南亚、美洲等地区布局。截至 2020 年，公司拥有市场准入（审定/登记）品种1 913个，拥有注册商标1 132件，累计获得授权植物新品种权472件，拥有专利63件，软件著作权14件。2020年公司研发投入超过4亿元，研发投入与营业收入比稳定在10%左右，接近国际领先种业公司平均水平，拥有专职研发及研发服务人员510人，中国种业十大杰出人物2人。

公司不断创新营销模式，包括精准营销、服务营销、办事处模式、面向农户的订购等营销模式，通过创新驱动，打造了一批行业标杆大品种。其中杂交稻核心品种有晶两优华占、晶两优534、隆两优534、隆两优华占、泰优390等，玉米有联创808、裕丰303、中科玉505等核心品种。2020年公司生产经营各类农作物种子约1亿千克，销售收入约32亿元，总推广面积约1.2亿亩。公司在湖南绥宁、攸县、靖州，福建建宁，江苏建湖、大丰，海南乐东、东方、三亚等地建有水稻良繁基地；在甘肃张掖、新疆昌吉等地建立了玉米良繁基地。

# 湖南袁创超级稻技术有限公司

法定代表人：邓启云

湖南袁创超级稻技术有限公司成立于2012年，是一家专注于广适性优质超级稻种子研发、生产、销售、服务的国家高新技术企业。公司总部位于浏阳经济技术开发（高新）区，占地面积50亩。公司拥有湖南省院士专家工作站、长沙市院士专家工作站、长沙市企业技术中心等科研创新平台，建有生物实验室、现代化加工生产线、标准冷库等，在三亚、武汉、绵阳、合肥等地建有科研试验基地。现有员工近100人，其中博士生11人、硕士生10人、本科生33人、大专以上学历人才占90%以上。

公司是育繁推一体化A证企业、全国种业行业AAA级信用企业、湖南省农业产业化重点龙头企业，累计申请原农业部植物新品种权等知识产权100余项，获得授权32项。公司首席科学家邓启云研究员，荣获湖南省科学技术进步一等奖、首届湖南省创新奖、第十届北京创新大赛金奖。邓启云选育的第四期超级稻代表品种“Y两优900”创造了百亩示范片平均亩产1 026.7千克的世界纪录，选育的“Y两优957”“Y两优911”“吨两优900”“万丰优丝占”等近30个优质超级稻新品种通过审定，覆盖长江流域籼稻区和华南稻区，累计推广2 000余万亩。

公司下设科研、生产、营销、内控等职能板块；首创超级稻学术论坛，实现育种资源和信息共享；形成了规模化、标准化、流程化的商业化育种体系。公司以现代化种子加工生产线为载体，以国内领先的数码技术为手段，严把产品质量关。公司以县级经销网络为依托，以线上电子商务拓展为契机，实现营收持续增长。2020年公司研发投入1118.3万元。2020年，公司销售Y两优900、Y两优911、Y两优957、Y两优1577等品种种子 212.5 万千克，销售收入9 000万元。公司在湖南怀化、江苏盐城、福建建宁等地繁育 Y 两优 372、Y 两优 911、旺两优 911 等品种 2.5 万亩，生产合格种子 300 万千克。

# 湖南奥谱隆科技股份有限公司

法定代表人：张振华

湖南奥谱隆科技股份有限公司成立于 2008 年 10 月，注册资本10 002 万元，注册地怀化经济开发区，是一家专注于水稻种子研发、生产、加工、销售、推广、服务的国家高新技术企业。“杂交水稻之父”袁隆平院士生前任公司技术顾问。公司建有奥谱隆创新育种科学院，拥有国家杂交水稻育种研究怀化创新基地、新品种品比测试与展示基地、海南繁育基地共 680 余亩。公司拥有占地 54 亩的泸阳仓储加工中心和安江仓储加工中心。公司现有正式员工 41 人，其中正高职称 3 人、副高职称 5 人、中级职称 9 人。

公司持有原农业部颁发的育繁推一体化 A 证和进出口 E 证，是中国种业信用骨干企业、中国种子协会常务理事单位、湖南种子协会副会长单位、湖南省创新型（试点）企业、湖南省重点上市后备企业、湖南省农业产业化龙头企业，连续被评为“中国种子协会信用评价 AAA 级信用企业”“湖南省质量信用 AAA 级企业”“湖南省质量服务诚信承诺示范单位”“湖南省质量服务双优单位”。公司董事长张振华研究员为享受国务院政府特殊津贴和湖南省政府特殊津贴专家、国家特支计划（万人计划）专家、“庆祝中华人民共和国成立 70 周年纪念章”获得者、“第七届袁隆平农业科技奖”获得者，先后被评为“全国粮食生产突出贡献农业科技人员”“全国优秀科技工作者”“全国‘讲、比’活动创新标兵”等。

公司重视科研投入、平台建设及人才团队建设，强化科研合作，建立了较为完善的商业化育种体系。已育成通过国家审定的杂交稻新品种 36 个，通过省级审定的杂交稻新品种 35 个；育成通过省级审定（鉴定）的两、三系不育系 14 个；已获得国家植物新品种权保护的新品种 11 个。

公司创新土地流转“五化合一”（规模化、集约化、专业化、标准化、机械化）种子生产新模式，实现制种高产量、高质量、高效益和低风险；坚持“种子质量无小事，农民利益大于天”，对种子出入库进行全程跟踪管理，实现种子来源和去向可溯可查；推行销售渠道扁平化，改革传统“四级”营销模式，创新实施良种直销到农户新模式。公司创新人才培养模式，实施“百、千、万”人才培养计划，与怀化职业技术学院共建杂交水稻专业“奥谱隆班”。

公司 2020 年研发投入近 1 000 万元，主要经营天两优 3000、奥富优 287、强两优雄占、天两优 682、黔丰优 877 等品种，销售种子 271.4 万千克，销售收入 9 508 万元。在湖南怀化、广东湛江等地繁育天两优 3000、云两优 247、强两优 6166 等品种 2.56 万亩，生产合格种子 329 万千克。

# 湖南希望种业科技股份有限公司

法定代表人：丁新才

湖南希望种业科技股份有限公司成立于2006年8月，注册资本1亿元，现有员工68人，其中博士4人、硕士8人、高级职称6人、中级职称13人。公司主要从事杂交水稻种子的研发、生产、推广服务工作。公司是全国农作物种子育繁推一体化企业、湖南省农业产业化龙头企业、ISO质量体系和环境体系认证企业、高新技术企业、中国种子行业信用评级AAA级企业、中国种业信用骨干企业、中国种子协会常务理事单位、湖南省种子协会常务副理事长单位。

公司成立以来，注重新品种、新技术的创新和商业化育种，年科研开发投入占销售收入的5%以上，在长沙望城、长沙黄花、浏阳大围山、岳阳湘阴、海南三亚和云南保山等地建有六大科研基地，公司在全国有生态测试点100多个，并建有希望种业分子育种中心、稻米检测检验中心等。

公司拥有自有知识产权水稻品种84个，其中审定望S、希S、卓201S等不育系8个，自有知识产权水稻品种株两优189、Y两优1998、望两优909等国审品种46个，B两优6号、N两优鑫占、B两优141等省审品种30个。公司拥有通过植物新品种保护品种（亲本）37个，申请并获得1项国家发明专利，8项实用新型专利。公司优质两系中稻品种的选育已跻身国际、国内一流水平。

公司本着“扁平化”“高效率”的原则根据“供需服从”制度建立组织构架，相继成立了长沙市希望农业研究院、安徽新安种业有限公司、湖北上禾种业有限公司等三个子公司，组建了“第一、第二、西南、华南、湘卓”等五个新品种推广事业部，凝聚了一批有志于种子事业的国内著名育种专家和生产、经营、管理人才，创建了一支知识化、专业化的高效精干管理团队。

公司营销上采取“顾问营销”方式，站在经销商的角度为其提供从战略计划、品种选择、宣传策划、新品种示范、产品陈列及售后服务等全方位的咨询服务。在种子生产上建立了从亲本源头、生产隔离、田间除杂到种子收获、收购、精选加工、检验的种子质量保障体系。品种销售辐射全国水稻适种区域，销售网络齐全，管理严谨，技术服务到位。

公司主要经营株两优 189、Y 两优 1998、望两优 909、N 两优 029、N 两优 028、N 两优 026、B 两优 029、希两优 019、卓两优 141、卓两优 0985、南两优 1998、希两优 028 等品种，2020 年销售种子 247.4 万千克，销售收入10 533万元。2020 年在海南乐东、东方，湖南怀化、邵阳，江苏盐城，福建沙县、建宁等地制种面积 1.8 万亩，生产合格种子 270 万千克。2020 年研发投入 744.6 万元。

# 湖南桃花源农业科技股份有限公司

法定代表人：刘华武

湖南桃花源农业科技股份有限公司成立于2001年，是一家集农作物品种选育、种子繁育生产、销售推广于一体的全国性种子企业，拥有杂交水稻、棉花种子进出口资质。2014年公司被原农业部首批授予“农作物品种审定绿色通道”资质。公司2013年、2016年、2019年连续三届被中国种子协会评为“企业信用评价AAA级信用企业”；2013年入选“中国种业信用骨干企业（原中国种子行业50强）”；是湖南省高新技术企业，省、市两级农业产业化龙头企业，获得“中国市场放心种子”“最具价值农资品牌”等荣誉。公司先后承担了国家“863”课题、国家高新技术产业化示范工程、原农业部重大专项等19项国家和省级课题，获国家科技进步二等奖2项、省科技进步二等奖4项和市科技进步奖6项。

公司注册地为常德市经济技术开发区，注册资本10 602.675万元，净资产11 113.94万元。公司占地70余亩，拥有现代化的仓库8 070平方米、高标准的种子检测室和分子育种实验室1 622.58平方米，常德本地科研实验用地106亩，长沙县春华镇科研实验用地140亩，海南陵水县南繁科研用地103亩，现代化办公场所2 567平方米。公司拥有冷库面积达800多平方米，超低温冷库150平方米。公司现有员工50人，其中博士2人、硕士4人、专科以上学历达95%。

公司现有种质资源2万多份，每年新配组合1万个左右，已初步建立了具有特色的商业化育种体系。公司先后研发了桃湘A、桃秀A、方香A等高档优质稻不育系，审定了桃秀优美珍、桃湘优188、桃湘优莉晶、深两优867、源两优1568、志两优332等高产优质新品种，年销售种子150

多万千克，销售收入超 6 000 万元，在湖南、江西、福建、江苏、海南等地建立了生产基地，年均种子繁育面积 1.2 万亩以上，入库合格种子 170 万千克。

# 湖南科裕隆种业有限公司

法定代表人：郑杨

湖南科裕隆种业有限公司成立于2003年，由重庆市农业投资集团有限公司与几名师从袁隆平院士30余年的弟子、知名杂交水稻专家共同出资，在湖南长沙组建的科技型种业企业。公司拥有丰富科研材料和研发底蕴，通过自身传统研发能力，挖掘和运用现代化分子育种技术，紧贴市场需求，快速向优质、高效转型，选育出一大批矮秆、高产、多抗、长粒、浓香优质稻组合，公司现有员工30人，其中硕士生2人、本科生9人、大专以上学历人才占80%以上。

公司是中国首批育繁推一体化的种业企业、湖南省农业产业化龙头企业、湖南省种子协会副理事长单位、湖南省高新技术企业、中国种子协会"AAA"信用单位、中国种子骨干企业50强之一，获原农业部植物新品种权7项。公司拥有自有知识产权的审定品种50多个，选育的Y系超级稻Y两优3218和科两优系列代表组合科两优889、科两优407、科两优9、科两优9218等新品种通过国家审定，覆盖南方稻区多个省份，累计推广1 500余万亩。

公司下设科研所、品管技术、生产、营销、内控等职能板块，形成了规模化、标准化、流程化的商业化育种体系。以现代化种子加工生产线为载体，严把产品质量关。2020年公司研发投入541万元，主要经营科两优407、科两优9、科两优9218等品种，销售种子130万千克，销售收入6 000万元。在湖南、海南、福建等地繁育科两优407、科两优9、科两优9218、科两优2943、裕两优湘占等品种1.66万亩，生产合格种子180万千克。

# 湖南金健种业科技有限公司

法定代表人：王建龙

湖南金健种业科技有限公司成立于2014年，是湖南粮食集团旗下的一家集农作物品种选育，种子繁育生产、销售推广、技术服务于一体的“混合经济所有制”种子企业。公司总部位于长沙市芙蓉区隆平高科技园区，拥有湖南省院士专家工作站、长沙市院士专家工作站等科研创新平台．以高档优质杂交稻品种为主攻方向，与湖南粮食集团联手打造“水稻从品种研发到餐桌”的全产业链条，走出了一条特色种业的发展之路。

近年来，公司坚持国内外同步发展，双轮驱动，迅速成长为高新技术种子企业、AAA信用级企业、省农业产业化龙头企业。公司以“科技部创新创业领军人才”王建龙教授为核心，组建了一支经验丰富、年富力强的高端人才队伍，现有员工40人，其中博士生1人、硕士生9人，本生科18人、大专以上学历人才占95%以上。

公司下设研发、生产、营销、质检仓储、财务、行政等职能板块，建立了完善的新品种选育、种子生产管理、种子质量监控、种子加工储运、市场营销及售后服务体系。公司建有400余亩高标准商业化育种和中试核心基地与南繁基地，2万余亩稳定安全的良种繁殖基地。公司育种战略定位为“优质、高产、低镉、轻简、机械化、籼粳交”，现已培育出一批极具特色的不育系以及优势品种，多个杂交稻品种成为湖南和长江流域种植的主推品种，累计推广面积5 000万亩以上。

公司目前审定品种48个，其中国审品种22个，获批植物新品种权19项，选育了两优早17、建两优华占、两优336等应急性低镉品种，选育的桃优香占、泰优553和华浙优261荣获全国优质稻食味品质鉴评金奖。公司承担了科技部重点研发、星火计划；省级科技计划重大专项；省粮油千亿产业等 30 余项国家及地方科技项目。

公司种子销售网络和售后服务体系覆盖了全国籼稻主产区，在全国建立新品种推广示范点 500 多个，稳定优质经销商 300 余个，已成立湖南、江西、皖苏、鄂豫四大营销中心，通过积极参与湘米振兴工程政府采购、低镉应急性采购计划等项目，紧跟市场步伐。2020 年研发投入 570 万元，主要经营桃优香占、泰优 553、两优 336、N 两优 1133、望两优 1133 等品种，销售种子 170 万千克，销售收入5 780万元。

# 湖南洞庭高科种业股份有限公司

法定代表人：赵兴明

湖南洞庭高科种业股份有限公司成立于2004年，是一家以优质杂交水稻为特色，集育繁推于一体的种业高科技企业。公司位于岳阳市，拥有占地53亩的高标准生产加工仓储基地以及占地150余亩的科研试验基地，建立了生物技术试验室和稻米检测分析室，在三亚建有50亩南繁试验基地。

公司是全国种业行业AAA级信用企业、湖南省高新技术企业、湖南省农业产业化龙头企业，为先正达集团中国的下属成员企业。公司累计申请原农业部植物新品种权等知识产权10余项，审定新品种40余个。公司现有员工40人，其中硕士生8人、本科生18人、大专以上学历人才占90%以上。

蒋建为研究员是公司的研发负责人，主持选育的全国晚籼稻第一大品种岳优9113，连续4年在全国双季杂交晚稻推广应用面积排名中位居第一位；主持选育的盛泰优722在2014年被评为原农业部超级稻品种，主持选育的盛泰优018在2015年入选“湘米工程”主推品种。其个人及主持的项目荣获湖南省科技进步二等奖2次、岳阳市科技进步一等奖3次、二等奖2次、突出贡献奖12次，是全国农业先进个人、全国先进工作者、国务院特殊津贴获得者、湖南省121人才工程人选。

公司产品销售遍布南方稻区十多个省、区，460个县（市、区），覆盖长江中下游流域，已累计推广4 000余万亩，常年销售杂交水稻种子200余万千克。2020年，公司主要经营盛泰优018、盛泰优9712、C两优018、凤两优464等品种，销售种子160余万千克，全年收入5 804万元。全年研发投入748.38万元，在湖南怀化、湖南郴州、福建建宁等地制种盛泰优018、盛泰优9712、C两优018等品种6 650亩，生产合格种子133万千克。

# 袁氏种业高科技有限公司

法定代表人：袁定安

袁氏种业高科技有限公司成立于2000年，是一家专业从事杂交水稻种子科研、生产、销售的农业企业。公司为全国种业行业AAA级信用企业、长沙市农业产业化重点龙头企业，以海外杂交水稻推广为重点，同时兼顾国内市场发展，是国内主要的杂交水稻种子出口企业。

公司科研生产基地（长沙县春华镇）占地1 7059平方米，拥有600多平方米的科研质检中心及完善的科研检验设备，5 300平方米的仓储物流中心，1 300平方米的加工厂房，总资产超亿元。2020年公司销售额达7 440万元（不含子公司），年度科研投入490万元，达到年营业额的6.6%；公司财务状况良好，连续多年保持盈利。公司科研中心被认定为长沙市企业技术中心，在湖南长沙和海南三亚均设有科研基地，拥有各类技术人员23人，90%以上具有大专以上学历，55%以上具有10年以上农业科研经验，涵盖了育种、制种、高产种植等多个领域，多次荣获湖南省科技进步奖三等奖等奖项。近3年公司有超过20个杂交水稻新品种通过审定，品种范围覆盖长江中下游、长江上游、西南与华南等稻作区。

公司依靠成本领先、差异化和集中化战略，通过湖南母公司（袁氏种业高科技有限公司）与安徽子公司（安徽袁氏农业科技发展有限公司）的共同运营，形成了品牌共享、资源互通的国内外营销体系，共同开拓国内外市场。在海外方面，2020年公司对巴基斯坦、孟加拉、越南、马达加斯加等国家的杂交水稻种子出口量达1 780吨。在国内方面，2020年公司销售以袁两优1000、深两优5814、C两优513、创两优丰占、创两优宏占等品种为主，销售量超1 000吨。

公司在福建建宁、湖南靖州、广东蕉岭等全国多个省市设有杂交水稻种子良繁基地，基地总面积超 1.5 万亩，年产杂交水稻种子超3 000吨。

# 湖南隆平种业有限公司

法定代表人：袁定江

湖南隆平种业有限公司是袁隆平农业高科技股份有限公司旗下最大的核心产业全资子公司，是我国最大的集育繁推于一体的专业化杂交水稻种子公司，年推广杂交水稻面积3 000多万亩，每年帮助农民增产粮食近 3 亿千克。

公司拥有完善的科研、生产加工、营销、技术服务体系，现有员工近 400 人，其中本科以上学历达到 85%以上。科研方面，公司建立了完善的商业化育种体系，拥有湖南省企业技术中心、省水稻工程技术研究中心等行业顶尖科研机构，形成了“开发一代、储备一代、再研一代”的科研格局，全方位满足客户需求，打造“人无我有，人有我优”的差异化全产品。公司年研发投入占销售收入近 10%，拥有知识产权 160 余项，常年研发基地近2 000亩，科研育种材料 8～10 万份，年筛选新组合1 000余个，拥有晶两优华占、晶两优 534、隆两优 534 等一大批科技含量高、商业价值巨大的水稻强势品种；并选育了冠两优、平两优、韵两优、梦两优系列等后续强势组合。

生产加工方面，公司拥有国内最大的稳定优质生产基地近 20 万亩、业内最先进的现代加工仓储体系，仓储面积达 6 万多平方米，80%以上为冷储仓库，全自动化生产加工线 4 条。公司建立了全过程质量监控和追溯体系，实行高于国家标准的企业标准，全力打造质量新优势。

营销服务方面，公司全力打造“现代化服务型企业”，推行“多品牌、多主体、宽渠道”运作，销售网络覆盖我国南方稻区所有乡镇。公司率先在行业内开展水稻新品种农艺性状测试、开发运行农业服务信息平台体系，实行“精准示范”营销，把示范营销和服务营销引向深入。

公司多年来经营业绩良好，是中国种业行业AAA级企业、中国种业信用明星企业成员单位、省农业产业化龙头企业、省高新技术企业、国家火炬计划重点高新技术企业、高新技术产业化示范单位，获得国家、省、市科技进步奖20余项、“农平”商标、隆平“龙形图标”连续多次被评为湖南省著名商标，“隆平”品牌已成为国内外知名品牌，公司还连续多年被评为消费者信得过单位、守合同重信用企业。

目前，公司已进入高质量发展黄金期，发展势头强劲。2020年公司销售创近十年新高，同比增长约15%，公司推广的晶两优华占、晶两优534、隆两优534在连续高销量的基础上，继续实现增量，包揽2020年度杂交水稻全国推广面积前三席。未来，公司将全面践行“高科技含量种子、高标准种子质量、高水平营销和服务、高端品牌形象、高水平基础管理、高质量人力资源队伍”的发展模式，全力打造中国种业知名品牌，维护国家粮食安全。

# 湖南亚华种业有限公司

法定代表人：尹贤文

湖南亚华种业有限公司成立于 1998 年，由湖南省种子公司发起组建，2007 年并入袁隆平农业高科技股份有限公司，成为隆平高科一级核心子公司。公司注册地位于湖南省长沙市麓谷高新区沿高路 11 号，是一家专注杂交水稻、杂交油菜等农作物种子的研发、生产、销售和技术服务的高新技术企业。

公司通过集聚行业优势人才和资源，创新生产模式，推出优势产品，成为我国具有一流市场影响力的种业企业。公司拥有总资产 4.33 亿元，净资产 3.35 亿元。公司下设四个品牌事业部——亚华种业、百分农业、中湘农业、营销分公司，以及营销中心、生产中心、质控储运中心、技术服务中心、人事行政中心和财务中心，现有员工达 160 余人，其中大专以上学历人才占 90％以上。

公司是“育繁推一体化”种业企业、中国种业企业 AAA 级信用单位、湖南省高新技术企业、湖南省种子协会常务理事单位、长沙市科技小巨人企业，荣获湖南省科技进步奖一等奖。公司现拥有水稻品种 60 多个、油菜品种 10 多个，棉花品种 10 多个。形成了早、中、晚稻齐备，品种优势明显的产品体系，水稻品种能满足国内籼稻区各种季别和不同种植方式的优质高产需求。公司主推品种“深两优 5814”是原农业部超级稻，曾连续四年为全国两系中稻推广面积第一位的品种，累计推广面积超2 000万亩。公司最新推出隆两优、晶两优系列新品种，更是以高产、优质、多抗、广适的优秀表现风靡南方稻区，年推广面积超1 000万亩，深受用户欢迎，其中隆两优华占 2017 年被认定为原农业部超级稻品种，成为首届三亚国际水稻育种创新明星品种。公司被认定为原农业部超级稻的品种还有株两优 819、陵两优 268、隆两优 1988、晶两优 1988、隆两优 1212、晶两优 1212、隆两优 1308 等。公司后续强优势品种还有隆两优系列、晶两优系列、悦两优系列、隆晶优系列、捷两优系列、振两优系列、玮两优系列、臻两优系列等。

公司拥有一流的现代化种子加工生产线，国内领先的数码光选技术，严控产品质量。公司高度重视新品种和新技术的开发，为广大客户、家庭农场和专业合作社提供售后服务，开发了超级稻高产高效栽培技术和印刷播种精准种植技术新模式，让种地变得更轻松、更高产。公司以“创新、进取、诚信、共赢”为企业的核心价值观，以“推动种业进步，造福世界人民”为崇高使命，以高水准的职业道德、高质量的服务水平和更开放的思想、更专业的运作模式，携手合作伙伴，光大种业事业，实现了营收的持续增长。研发依托母公司隆平高科强大的商业化育种能力，2020 年主营品种隆两优华占、晶两优 1212、隆晶优 1212、深两优 5814、陵两优 268 等种子销量超 700 万千克；在湖南怀化、海南三亚、江苏盐城、福建建宁等地繁育“隆两优华占、深两优 5814”等品种 4 万亩，生产合格种子 600 万千克。

# 长沙利诚种业有限公司

法定代表人：曾理文

长沙利诚种业有限公司成立于2008年。公司秉承“诚信乃立业之本，质量为生存之道”的宗旨，遵循“共赢互利，诚信为本”的经营理念，以自主创新的企业家精神凝聚了一批高素质的青年专业人才和技术人员。公司按照“稳、精、强、新”的发展思路，逐步建立健全完善的种子研发、生产、检验、销售和服务体系，已逐步发展成集杂交水稻科研、生产、检验、销售和服务于一体的农业高新技术企业。现有员工近40人，其中博士生1人、本科生12人、大专以上学历人才占90%以上。

公司成立以来，坚持以自主品种研发为基础，高新技术为驱动，市场需求为导向，实行选育、生产、经营相结合。公司在品种资源方面不断创新，注资成立了长沙奥林生物科技有限公司，组建专业的研发团队进行新品种研发试验，聘请了多位国内著名育种家作为公司的育种、生产和技术顾问；同时与国家杂交水稻工程技术研究中心等科研机构开展广泛合作，聚合国内外优秀品种资源，重点开发具有前瞻性和强优势的自主知识产权品种和独家专营品种。经过十几年运作，公司拥有丰富的品种资源满足网络运营销售：国审品种有广两优2388、Y两优1928、圳两优758、圳两优2018、林两优959等，省审品种有Y两优551、科两优105、软华优699、恒优758、鹏优6377、川香优1101、T优817等，另有利两优、圳两优、瑞两优、金丝、银丝、玉丝等系列品种参加联合体试验及湖南、河南、湖北、安徽、江西、广西、长江上游区预试。

公司在浏阳永安投资修建了占地1.7万平方米的种子仓储物流、质检及加工中心，并在核心生产基地投资兴建占地近2 500平方米的种子生产收购中心。为保证种子生产质量，生产基地以大面积土地流转规模化、生产集约化为主，以“公司+技术员+制种大户”为主要的生产模式。

公司自2013年起，成功注册商标31件，获得外观专利3件，另有发明专利3件、实用新型专利6件已通过初审，获植物新品种保护10余件。2017年公司被中国种子协会评定为信用等级3A企业，同年公司获国家级种子生产基地建设优秀直属基地企业；2016年注册商标“利诚种业”被认定湖南省著名商标，同年公司还被评为长沙市“农业产业化龙头企业”“守合同重信用”企业，顺利通过了ISO9001企业质量管理体系认证。2020年研发投入218.35万元，主要经营Y两优1928、圳两优银丝、信优糯721、林两优959等品种，销售种子40万千克，销售收入2 000万元；在湖南怀化、邵阳等地繁育Y1928、圳两优银丝、信优糯721等品种3 000亩，生产种子近30万千克。

# 湖南神农大丰种业科技有限责任公司

法定代表人：杨祺

湖南神农大丰种业科技有限责任公司成立于2002年，注册资本1.6亿元，是深交所上市公司—海南神农基因科技股份有限公司的全资子公司。公司主营农作种子的选育、生产和销售。2012～2014年，投资1.8亿元，购地96.03亩，建成了一个崭新的现代化种业公司。公司总建筑面积约2万平方米，有种子加工、仓储、质检、科研等先进的仪器设备200多台/套和一流的分子检测实验室，拥有先进的种子加工包装生产线。

公司在科研、生产、销售各方面全面发展，在湖南、江西、福建、海南等省拥有稳定的种子生产基地2万多亩。种子销售网络覆盖华东、华中、华南、西南等地区的稻米和玉米的主产区，年产销种子200多万千克。公司现阶段推广的主要品种有兆优5431、深优9519、H优518、恒丰优28、晶优1号等。注重“产、学、研”开发，与清华大学深圳研究生院、湖南农业大学、湖南省水稻研究所、重庆市农科院水稻所等多家教学科研单位开展合作。

公司是国家超高产优质杂交水稻种子产业化示范工程、大型种子企业电子商务示范工程项目承担单位、湖南省农业产业化龙头企业、AAA级信用企业、国家高新技术企业、安全生产标准化三级企业、中国诚信供应商、长沙市知名农业品牌。兆优5431是公司独家推广的一个高产、优质、广适、多抗的三系杂交水稻品种，米质达国家二等优质米标准，该品种于2015年通过湖北省审定，2016年被纳入湖南省高档优质稻“湘米工程”产业化开发体系。H优518是湖南农业大学和衡阳市农科所选育出的三系杂交晚稻新组合，2010年通过湖南省审定，2011年通过国家审定，2013

年被原农业部认定为长江中下游稻区唯一超级晚稻品种，2015 年被湖南省农业委员会认定为镉低积累品种。

2015 年，公司对接项目、整合资源，组建重金属污染耕地治理项目部。全面负责镉低积累品种种子供应、技术培训和指导等售后服务工作，2016 年度完成政府采购 H 优 518 种子数量 103 万千克，2017 年完成政府采购 H 优 518 种子数量 51.5 万千克，对湖南省重金属污染农田的治理发挥了重要作用。2016～2020 年，公司连续 5 年承担了湖南省救灾备荒种子储备项目和长沙市救灾备荒种子储备项目，总储备量 100 多万千克，满足了我省灾后生产用种和荒年用种需要，确保了水稻生产用种安全。

# 湖南优至种业有限公司

法定代表人：凌鸿如

湖南优至种业有限公司（原湖南金稻种业有限公司）成立于2007年，现为袁隆平农业高科技股份有限公司的控股子公司，是主营农作物种子、农产品加工的育繁推一体化的科技型公司。公司以水稻种子经营为产业核心，采取“科研+生产+销售+服务”的模式运作，并与米业上下游合作延伸产业链，推广优质水稻品种。

公司为中国种子协会会员、湖南省种子协会副理事长单位、长沙市农业产业化龙头企业以及中国种业AAA信用等级种子企业。公司拥有200余亩科研基地和以资深专家为主的研发团队，并与广东省农科院、湖南农业大学等科研院所进行了深层合作。

目前，公司拥有生产、经营权的品种30多个，其中被原农业部授予超级稻品种的有3个，国审品种有6个，每年至少还有20余个品种参加国家级、省级试验。现推广的品种中，泰优390为全国杂交晚稻推广面积第一位品种和湘米工程高档优质稻推广品种与湖南省再生稻主推品种，五优308多年居湖南省晚稻种植面积第一位，泰优390，扬泰优128、象牙香珍、粤王丝苗、粤油丝苗、南晶占、泰优2213等均达到国家一、二级优质稻标准。

公司已建成规范化杂交稻种子生产基地2万余亩，在靖州县建立集种子仓储、加工、检测、物流等多功能于一体的综合性产业园，年生产合格种子300余万千克。

# 湖南金色农华种业科技有限公司

法定代表人：唐楠

湖南金色农华种业科技有限公司成立于2006年1月，注册资本3 000万元，是国家农业产业化重点龙头企业、国家高新技术企业北京金色农华种业科技股份有限公司的全资子公司，是集科研、繁育、生产、加工、推广于一体的种业科技企业。公司以“创建国际一流种业科技企业”为发展目标，致力于以科技创新强盛民族种业。

公司在长沙、三亚建有600多亩科研试验基地。在浏阳高新技术开发区投资3 000多万元建立仓储加工检验中心，占地面积为27.1亩，建筑面积1.1万平方米。该中心拥有低温仓库1 209.9平方米，配置最先进的自动化冷藏设备，可容纳1 000吨种子低温、低湿越夏；原料库、成品库6 409.3平方米，可储存4 000吨种子；加工车间1 289平方米，配置了当前最先进的水稻种子加工工艺和加工包装设备，集烘干、精选、加工、包装于一体，设计加工能力10吨/小时。

公司拥有以C两优华占、天优华占等华占系列为代表的一批综合抗性强、高产、广适应性型品种；以荃优粤农丝苗、五乡优粤农丝苗为代表的优质、高产型品种；以及又香优龙丝苗、两优1751等特优质型品种。公司后续将推出的五乡系列、华盛系列、京贵占系列等一大批优质高产品种。公司在湖南建立了400多个定位试验点，实现良种良法配套，稳产丰产并举。

公司是全国种业行业AAA级信用企业、高新技术企业。2020年研发投入700多万元，主要经营C两优华占、天优华占、荃优粤农丝苗、徽两优粤农丝苗、五乡优粤农丝苗、恒丰优粤农丝苗等品种，销售种子200多万千克，销售收入7 000万元，在湖南郴州、福建建宁、贵州岑巩等地拥有种子生产面积1.2万亩，生产合格种子200万千克。

# 湖南粮安科技股份有限公司

法定代表人：王杰

湖南粮安科技股份有限公司成立于2015年10月，是一家专注于广适性优质香稻种子研发、生产、销售与服务一体化解决方案的种子企业。公司总部位于邵阳市大祥区，建有实验室、科技展厅、现代化加工生产线、标准冷库等，在三亚、安徽、邵阳、怀化等地建有科研试验基地。公司现有员工近80人，其中博士生6人、硕士生7人、本科生25人，大专以上学历人才占95%以上。

公司注册资金3 000万元人民币，是邵阳市唯一一家持有主要农作物种子和蔬菜种苗生产经营许可“双证”的育繁推一体化股份制公司。公司先后获得中国种子协会AAA级信用评价、国家高新技术企业、湖南省农业产业化龙头企业、湖南省科技厅科技型中小企业、湖南省守合同重信用企业、ISO90001质量管理体系企业、北京大学优秀调研单位、湖南省作物学会常务理事单位、湖南省种子协会副会长单位、中国种子协会理事单位等荣誉。

公司科研首席科学家李必湖教授（正厅级干部、研究员、博士生导师）是中共十一大、十二大党代表，第九届、第十届全国人大代表，是交水稻之父袁隆平院士早期最关键的科研助手、杂交水稻“野败”发现者；粮安科学院院长雷东阳教授是中国青年水稻育种家、农业农村部和科技部重大项目评审专家、中国农业大学博士后、国际水稻所留学归国顶尖技术人才。他们共同带领公司8名正高级专家开展科研育种工作，自主研发了粮98S、泉298S、檀香A、沣玉1号等50多个品种（不育系）通过国家和省级审定。联合研发的“野香优系列”及重点推广的野香优丝苗被第二届国际水稻论坛评为“最受喜爱的十大优质稻米品种”，野香优莉丝、野香优海丝被农业农村部专家组评为“全国优质稻（籼稻）品种食味品质鉴评金奖”，还代表湖南省南州虾稻品牌米获得了 2019 年巴拿马环太平洋万国博览会金奖，成为中国历史上第一个获得世界殊荣的水稻品种。自主研发的《一种淡水水面无土栽培水稻装置》等 15 项专利技术获得国家发明证书，6 项新品种获得农业农村部植物新品种权证书，主持了 13 项实用技术获得省科技厅成果登记，1 个重点项目通过邵阳市科技局专家验收。2020 年投入研发费用 131 万元。公司主要经营杂交水稻种子，2020 年销售收入 1 880 万元。

# 湖南永益农业科技发展有限公司



法定代表人：张安妮

湖南永益农业科技发展有限公司成立于2011年，是一家集水稻新品种选育，种子生产、销售、推广于一体的专业化种子公司。公司已取得农作物生产经营许可证B证及C证，被评定为国家高新技术企业、中国种子协会AAA级信用企业、长沙市龙头企业，2016年荣获湖南省科学技术进步三等奖。公司是教育部首批职业教育校企深度合作项目单位，2021年公司与湖南生物机电职业技术学院合作共建了永益农业产业学院。公司位于长沙高新区文轩路27号麓谷企业广场A2栋三单元505房，公司现有员工25人，其中本科以上学历15人。

公司建有专门的种子研发部门，在海南陵水、益阳赫山及邵阳武冈建立了稳定的科研基地共约180亩，在赫山区建立了新品种试验站，承担了国家及省级品种试验，2020年科研投入约287万元。公司申请农业农村部植物新品种权10余项，获授权6项，实用新型专利8项，审定新品种31个（其中国家审定2个，省级审定29个）。公司已形成了四大产品线：以泰优粤占、泰优银华粘为代表的高档优质杂交稻产品线；以C两优新华粘、创两优银华粘等为代表的高产稳产抗病多穗型杂交稻产品线，以健湘丝苗为代表的高产优质常规稻产品线；以湘早籼45号等为代表的常规早稻产品线。

公司高度重视种子生产工作，严格种子质量管控，在邵阳武冈、怀化靖州、芷江、郴州桂阳、永州零陵、江西萍乡、广东湛江、贵州岑巩、海南等地拥有制种基地约1万亩，生产合格种子约160万千克；在益阳赫山、长沙宁乡、邵阳武冈等地生产繁育常规稻种子约3 500亩，生产合格种子约 140 万千克。其中，邵阳武冈基地为公司核心杂交水稻制种基地，公司在武冈市已建立了杂交水稻制种特色产业园省级示范园，并通过省农业农村厅验收，制种面积稳定在 3 000 多亩；益阳赫山基地为公司核心常规水稻种子繁育基地，公司在赫山区建立了永益农业产业园，制种面积稳定在 1 500亩左右。现有仓储加工中心面积约 1 万平方米，冷库面积约1 500平方米，种子烘干设备 10 台，种子精选加工设备 6 台套，种子自动包装线 2 台，能满足种子仓储 500 万千克，日种子烘干量 50 吨，日种子精选能力 150 吨。

公司坚持“诚信为本、客户至上”的经营理念，销售渠道已遍布南方稻区 11 个省市区，县级及以上合作伙伴 500 多个。2020 年水稻种子总销量 152 万千克，全年总销售收入为 5 825.8 万元，其中主销品种为泰优粤占，全年推广面积约 30 万亩。

# 湖南佳和种业股份有限公司

法定代表人：吴晖

湖南佳和种业股份有限公司成立于 2013 年，是一家专注于从事水稻、玉米、油菜、高粱、大豆等农作物新品种选育与种子生产经营的高新技术企业。公司注册地位于湖南省长沙县人民东路中部智谷产业园，拥有办公厂房 1 200 平方米，在永州零陵建有现代种业产业园，有加工生产车间 1 200平方米、仓库1 800平方米、标准冷库 500 平方米、生物实验室1 100 平方米。现有员工 50 多人，其中国家级知名育种专家 5 人、博士生导师 5 人、研究员 5 人。

公司是全国种业行业 AA 级信用企业、科技创新小巨人企业、长沙科技助农直通车信息服务示范站。公司年研发投入 300 万元以上，自主组建了水稻育种研究所、油料作物研究所，与湖南省水稻所、湖南省核农学与育种研究所、怀化职业技术学院、四川省水稻所、四川省内江农科院、四川省乐山研究院、浙江农科院等科研单位和一大批科研人员，建立了广泛的科研合作关系，拥有以罗辉、陈湘国为首的育种人员 10 人。公司荣获湖南省科学技术进步二等奖，每年均有大批新品种进入各级试验示范。公司自主选育汉两优 1 号、恒优 520、Y 两优 170、农香优 2381、汉两优 1607、深优 610 等多个水稻品种和汉 S、佳和 2S、佳香 A、盟 S 等多个不育系通过审定；佳和 1 号、佳和 2 号、佳万农 1 号、康油 1 号、佳和油苔 1 号等多个油菜品种通过国家登记，覆盖区域为长江流域，累计推广面积达1 000万亩。

公司拥有长沙、海南及怀化共 3 个科研育种中心。在湖南、广西、安徽、福建建有水稻种子生产基地 1 万亩，年销售水稻种子 200 万千克，油菜种子 20 万千克，销售收入4 000万元。

# 湖南农大金农种业有限公司

法定代表人：吴金海

湖南农大金农种业有限公司位于长沙市芙蓉区远大二路679号东业广场10楼，注册资本3 000万元。公司主要从事杂交水稻种子育繁推一体化经营，当前主要品种有创两优茉莉占、C两优919、桃优205等。2016年1月，丰乐种业正式收购湖南农大金农51%股份，湖南农大金农成为丰乐种业控股子公司；2020年4月，丰乐种业收购合肥华春投资公司所持金农31.5%股份，丰乐种业在湖南金农持股比例达到82.5%。

公司的前身是湖南农业大学良种服务中心，至今已有20多年的种子生产、经营基础，公司以湖南农大为依托，与省内外农业高等院校、科研院所建立了广泛的科研合作关系。

公司专注于优质高产杂交水稻种子的生产、销售和服务，现拥有自主知识产权或独家开发权的品种十多个。著名育种家陈立云教授选育的由我司经营的创两优茉莉占、C两优919、陆两优4026、桃优205、深优513等品种在生产上大面积推广，均表现出高抗、稳产的突出优势，非常适合当前流行的轻简化栽培模式，市场前景广阔。

公司充分依托丰乐种业在品牌、资本、生产、销售与管理等方面的优势，实现自身快速成长。2020年主要经营陆两优4026、创两优茉莉占、C两优919、桃优205、深优513等品种，销售种子63万千克，销售收入2 168万元。公司在湖南桂阳、江西萍乡、广东连州等地繁育种子4 300亩，生产合格种子72万千克。

# 湖南鑫盛华丰种业科技有限公司

法定代表人：邓猛

湖南鑫盛华丰种业科技有限公司位于岳阳市经济技术开发区巴陵东路农资种子大市场4栋。公司成立于2012年8月16日，注册资金3000万元。公司仓库面积4 800多平方米，建有标准检验室、现代化生产加工设施、标准冷库等，在岳阳县、海南等地建有科研试验基地。公司现有员工20人，其中本科以上学历人员18人，专门从事科研的人员6人。

公司是全国种业行业AAA级信用企业、湖南省农业产业化重点龙头企业、国家高新技术企业，主要从事杂交水稻、棉花、油菜品种的选育以及农作物种子的生产、开发和销售，是湖南省育繁推一体化种业企业。公司业务范围涉及农业科技成果的转化、转让；农业技术咨询；农副产品的销售等。公司科研专家邓猛是高级农艺师，多年来一直从事水稻选育、种子生产与示范推广工作，取得了一系列突出的研究成果。在《西北植物学报》《杂交水稻》等国家核心期刊发表了论文10多篇，主持或参与国家级科技项目3项；取得省级科技成果14项，获省市科技进步奖2项。公司选育的两优121、创两优965、顺优656、玖两优305、深优5620等近20个优质稻新品种通过审定，覆盖长江中下流域籼稻区。

公司下设科研、生产、营销、内控等职能部门。2020年研发投入287万元，主要经营两优121、玖两优305、创两优965、陵两优1785等品种，销售种子150万千克，销售收入5 000万元；其中两优121、创两优965被湖南省农业农村厅列入湖南省再生稻主推品种，鑫隆优3号、鑫隆优丝占、盛优656分别评为湖南省高档优质稻品种。

# 湖南正隆农业科技有限公司

法定代表人：赵涛

湖南正隆农业科技有限公司成立于2005年，注册资金5 000万元，具有农作物种子生产经营许可证B证、C证、D证，是中国种子协会AAA企业、农业产业化省级重点龙头企业、湖南省高新技术企业、长沙市“科技小巨人”企业。

公司与中国水稻研究所、湖南省农业科学院、湖南农业大学、宁波市农业科学院等科研院所合作，形成紧密的科企合作关系，实现科企优势互补，迅速形成自主产品，提升产业核心竞争力。目前公司已拥有自主知识产权产品40余个、发明专利近10项。

公司首席育种顾问马荣荣研究员是第十二、十三届全国人大代表，先后主持国家及省、市科研课题20余项。他在创建了籼粳杂交水稻有利性状集聚技术的基础上，创造性地运用远缘杂交育种，集聚了水稻不同亚种的有利基因，育成了综合性状优良的强优势籼粳杂交水稻系列组合，目前籼粳杂交水稻在湖南审定的品种已有10余个。2019年9月29日，全国农技推广总站组织中国水稻所等相关单位权威专家对隆回县羊古坳雷锋村156亩籼粳杂交超级稻甬优1540测产，创造了攻关田1 096.6千克和百亩示范方平均亩产1 089千克的湖南省水稻最高纪录；再生稻甬优4949的“一种两收”模式，在湖南的汨罗、湘阴等地屡创“头季+再生”亩产突破1 200千克大关。

公司自2005年成立以来，业务范围已从原来单一的杂交水稻种子生产和销售商转换为综合的现代高科技农业服务平台，在全省具有相当大影响力且辐射周边省份。公司在长沙拥有近1 000多平方米的现代化办公场所，在长沙、永州拥有5 000多平方米的仓储加工场地。现有公司员工56人，其中具有本科以上学历的占80%以上，11人具有研究员、高级农艺师等高级职称，公司员工平均年龄不到40岁。

通过多年发展，公司采用“公司+基地+农户”的生产经营模式，在长沙、永州、邵阳等地建有稳定的制种、稻谷生产基地4万多亩，为带动农民增产增收，国家实现脱贫攻关做出了应有的贡献。

# 湖南北大荒种业科技有限责任公司

法定代表人：栾怀海

湖南北大荒种业科技有限责任公司是由全国种业骨干企业黑龙江北大荒种业集团和国家科技创新体系水稻育种试验站衡阳农业科学研究所共同发起组建的现代化种业企业，2008 年 1 月 23 日经湖南省工商行政管理局登记成立，注册资金人民币3 000万元整，注册地址位于长沙市芙蓉区隆平高科技园。公司拥有垦丰种业股份公司、衡阳市农业科学研究院及自有研发中心三大科研平台，现有员工 22 人，100％具有大学以上学历。

公司持有生产经营许可证 B 证、C 证，2016 年被评为中国种子协会 AAA 信用企业。自 2017 年以来，先后审定惠两优 998、惠两优 2 号、吉优 421、垦优 1683、桃优 89 等多个品种，其中桃优 89 入围湖南省第十次优质稻评选品种，并被评为2020 年湖南（长沙）水稻“双新”展示会“明星”品种。

公司销售网络体系持续健全，创新能力持续增强，经营规模持续扩大。目前，经营体系已涵盖了南方 13 省及东南亚等地，拥有高标准经销商客户 300 余户，年生产经营规模 100 万千克左右，2020 年研发投入 148 万元，主要经营销售早稻种子、优质中晚稻种子，销售收入2 297.3万元。

# 湖南恒德种业科技有限公司

法定代表人：周跃良

湖南恒德种业科技有限公司成立于2011年，注册资本3 000万元，是一家集主要农作物品种选育、种子生产、经营于一体的种业高科技企业。公司先后被评为中国种子AAA级信用企业、湖南省信用等级AAA级企业、湖南省种子协会副理事长单位，“恒牛”牌商标被评为湖南省著名商标。公司2012年7月被评为“长沙市农业产业化龙头企业”，2011年被选为“长沙市种子协会副会长单位”，2020年公司被再次确认为湖南省高新技术企业。

公司现有员工22人，其中大专以上学历15人、高级职称2人、中级职称2人、初级职称8人，拥有成套加工、检验设备及种子加工库房、检验室、科研实验室、营业场所等5 000多平方米。

公司在海南三亚崖州区、陵水县，湖南桃江县、长沙县建立了科研中心，与国家杂交水稻工程技术研究中心、湖南农业大学、湖南省农科院水稻研究所、广东省农科院水稻研究所、安徽省农科院水稻研究所、海南大学等单位建立了“产、学、研”长期合作关系。

目前公司拥有审定品种24个，其中通过国家审定的杂交水稻品种9个，通过湖南及其他省（市、区）审定的杂交水稻品种15个，选育了水稻不育系亲本2个，并有20多个水稻品种进入国家及湖南、四川、海南、广东等各省的区域试验及生产试验环节，已育成一批配合力强、品质高档、综合性状优良的水稻不育系和恢复系。

公司2020年研发投入454.3万元，主要经营深两优475、恒两优金农丝苗、桃优919、五优玉占、株两优168、恒两优新华粘等品种，销售种子

80 万千克，实现种子销售收入 2 937.9 万元。公司 2020 年在江苏盐城、福建建宁、湖南永州、怀化、株洲等地繁育深两优 475、恒两优金农丝苗、桃优 919、五优玉占、株两优 168 等品种 8 000 余亩，生产合格种子 96 万千克。

# 湖南佳和垦惠种业有限公司

法定代表人：谢许平

湖南佳和垦惠种业有限公司是2017年在永州市成立的种子育繁推一体化及优质稻推广产业化的科技型现代种业企业。公司主营水稻、油菜、大豆种子科研生产销售，是永州市农业产业化龙头企业、湖南农业大学大学生创业创新基地。公司拥有总资产12 800万元，现代种业产业园13 540平方米，下辖全资子公司1个，牵头组建经营病虫防治、水稻种植、农机服务的专业合作社共3个。

公司子公司湖南垦惠商业化育种有限责任公司是在袁隆平院士的亲切关怀下成立的湖南首家民营商业化育种平台，年研发投入500万元以上。公司自主选育的垦优1683、浙两优166、惠两优998、金福优8339、麓山丝苗、垦优18、惠湘优玉晶、惠两优2号、惠两优2919、利两优华晶等多个水稻品种和垦丰A、惠湘A、兴湘A、垦隆S、惠隆S、兴隆S等多个不育系以及惠杂油3号、惠杂油7号、惠油5号等多个油菜品种通过审定和登记。

公司现代种业产业园拥有大型种子及优质稻谷收储烘干中心、仓储加工中心、集中育秧中心及优质稻推广种植服务中心，全程提供工厂化育秧、田间种植管理、统防统治、收割烘干等机械化、专业化、一体化服务，年综合服务面积5万亩以上。

公司下设科研、生产、营销、质量管控、加工仓储等职能板块，拥有长沙、海南及永州共3个科研育种中心，在湖南、海南、广西、福建等地建有水稻种子生产基地5万亩（其中在零陵区3万亩），年种子生产能力达1 000万千克以上，目前年销售水稻种子500万千克，油菜种子50万千克，销售收入15 000万元以上。

# 湖南金源种业有限公司

法定代表人：吴小燕

湖南金源种业有限公司 2006 年成立，总部位于郴州高新区苏仙工业集中区，占地面积 60 亩，建筑面积 3.6 万平方米。主营业务：水稻等农作物品种选育、生产、加工、推广、销售、储备；粮食收购、加工、销售、储备。公司是实施新《种子法》后湘南一家具有主要农作物种子生产经营资质的农业企业，是湖南省农业产业化龙头企业、国家高新技术企业、人民银行信用评级 AAA 企业、中国种子行业信用评价 AAA 企业。

公司由种业科技人员和育种专家组成核心团队，现有管理人员 38 人，常年聘用生产经营技术人员等 60 余人。旗下有郴州金源种业科学研究院、郴州市杂交水稻育种技术研发中心、五岭企业水稻联合体（牵头单位）等科研创新平台。公司在湖南郴州、长沙、海南陵水等地建有科研试验基地。公司建有种子仓储加工冷链物流基地—金源种业种子产业园，设备配置齐全，可供 1 万吨种子仓储生产加工和周转使用。拥有稳定种子生产基地 2 万余亩，优质稻生产基地 6 万余亩，产品覆盖湘、赣、粤、桂等 11 个国内水稻主产区省份。

公司现有育种人员 17 人，90%以上具有中高级职称。2020 年公司研发投入 1 056.7 万元，拥有独家经营权杂交水稻新品种 28 个，申请与主导产业关联密切的专利 59 项，已获得授权专利 26 项。近年公司主要推广水稻品种有美优华占、美两优晶银占、美优晶丝苗、莉优丝苗、薪两优 1189、两优 1189、莹优 1097 等，已认定（鉴定）美 1A、美 11S、莉 1A、莉 1S、薪 2S 等水稻不育系。公司以“美、莉、薪”等不育系与“1189、1187、华占、矮占、源丝苗、晶丝苗”等恢复系，配组开发出“美、莉、薪”系列杂交水稻品种，系列品种米质优、抗性好、抗倒伏，具有良好的推广价值。

# 湖南湘穗种业有限责任公司

法定代表人：张瑜

湖南湘穗种业有限责任限公司成立于 2004 年，是一家集科研、生产、经营于一体的科技型企业，注册资本3 005万元．公司办公地址位于常德市武陵区东江街道新坡社区．公司占地面积13 000多平方米（20 亩），拥有高标准种子仓库面积5 000平方米，高标准种子冷藏库3 000立方米，拥有成套的种子加工生产线 1 条，150 吨大型种子烘干线 1 条。公司其他种子检验仪器及加工设备齐全。

公司现有员工 35 人，是中国种业行业 A 级信用企业、常德市农业产业化龙头企业，2018 年《常油杂系列品种选育与推广》获湖南省科技进步二等奖，在湖南临澧、海南三亚分别拥有 350 亩、25 亩科研基地。

公司通过长江中下游国审、湖南省审水稻品种 15 个，通过登记油菜品种 5 个，水稻、油菜种子累计推广 500 多万亩。

公司下设科研、生产、营销、内控等部门，形成了规模化、标准化、流程化的商业化育种体系。2020 年研发投入 158.3 万元，主要经营两优 887、徽两优 815、常香油 3 号等品种，销售杂交种子 85.5 万千克，销售常规水稻种子 150 多万千克，销售收入3 000多万元。公司在湖南怀化、福建建宁等地繁育两优 887、徽两优 815 等品种 0.5 万亩，生产合格杂交水稻种子 90 万千克，在临澧县生产湘早籼 45 号、湘早籼 32 号等常规水稻种子 0.35 万亩，产出种子 150 多万千克。

# 湖南年丰种业科技有限公司

法定代表人：姜曙霞

湖南年丰种业科技有限公司成立于2005年6月，是一家集品种创新、生产、销售于一体的科技型种业公司，是全国种业行业拥有新品种自主知识产权较多的公司之一，是长沙市农业产业化龙头企业。公司现有专业技术人员12人，在湖南、海南等地拥有多个种子生产基地，常年制种面积近万亩，年产水稻种子近200万千克，产品畅销湖南、湖北、广西、福建、河南、安徽等12个省（市、区）。公司多次获得省级奖励，是湖南省企业信用评价AAA企业、湖南省重合同守信用单位。

公司拥有国审品种湘两优900（超优千号）、湘两优143、Y两优302，省审品种N两优2号、湘两优2号、湘两优2446以及后续新品种湘两优华占等十多个优质杂交稻品种。2014年N两优2号、湘两优2号被袁隆平院士选定为国家第四期超级稻亩产1 000千克高产攻关品种。2015年湘两优900（超优千号）被袁隆平院士选定为国家第五期超级稻亩产1 067千克高产攻关品种，2017年10月该品种在河北省硅谷农科院超级杂交稻示范基地，通过了河北省科技厅组织的测产验收。平均亩产1 149.02千克，即每公顷17.2吨，创造了世界水稻单产的最新、最高纪录。

公司董事长姜曙霞女士荣获第十一届“袁隆平农业科技奖”。

# 湖南金色农丰种业有限公司

法定代表人：林维群

湖南金色农丰种业有限公司2016年初由湖南省农业科学院、湖南省水稻研究所等共同发起，由原湖南农丰种业有限责任公司改制而成，是以湖南省农业科学院、湖南省水稻研究所为依托，集水稻种子科研、推广、生产、加工、销售于一体的专业化种子企业。公司生产经营高、中档优质常规稻、优质杂交稻品种20余个，是国内生产经营高档优质稻品种全、规模较大、受用户欢迎的优质稻种子企业。其中玉针香、农香32、农香42荣获全国优质稻（籼稻）品种食味品质鉴评金奖，玉针香成为全国优质籼稻食味品质鉴评对照品种。

公司位于长沙市芙蓉区马坡岭远大二路732号（湖南省水稻研究所原种场），并在株洲市渌口区设立分公司。公司现有员工22人，其中博士生1人、硕士生2人、本科生7人，大专以上学历人才占90%以上。公司下设生产、研发、营销等职能板块，以现代化种子加工生产线为载体，以先进仪器设备和质量监控技术为手段，严格把控公司产品质量，近年获得了国家高新技术企业、全国种业行业AA级信用企业、中国种子协会副会长单位、长沙市生态农业产业协会理事单位等荣誉称号。

公司2020年研发投入249万元，主要经营黄华占、玉针香、农香42、耘两优玖48、泰优农39、中早39等品种，销售种子250万千克，销售收入3 000万元。公司在湖南株洲、湖南岳阳、海南三亚等地繁育黄华占、农香42、中早39等品种1万余亩，生产合格种子300万千克。

# 湖南中朗种业有限公司

法定代表人：曾立

湖南中朗种业有限公司成立于 2013 年，注册资金3 000万元（实缴），现由湖南竹莉香农业科技有限公司控股。公司业务涵盖水稻、油菜、棉花等主要农作物种子生产经营及农业新技术推广、农业产业化经营等诸多领域。公司拥有完备的种子生产、加工、仓储及检验设施设备，现有种子仓库3 000平方米，种子晒坪2 000平方米。公司在全国粮、棉、油主产区均有完整销售体系。现有核心科研基地四处：湖南怀化基地、广东湛江基地、海南三亚综合基地、湖南常德基地，在全国还有 30 多处科研及试验基地。

公司目前已取得主要农作物种子生产经营许可证 B 证、C 证、D 证，获评全国售后服务先进单位、AAA 级重合同守信用先进单位。公司目前具有自主知识产权的水稻三系不育系 1 个、两系不育系 5 个，自主选育的国家审定水稻品种 3 个、省级审定品种 3 个，2020 年国家区试续试 5 个，油菜品种国家登记 1 个。

公司的核心竞争力和主业是研发及推广优质水稻品种。现已经育成果S、竹 S、茗 S、苁 S、津 S 五大具有完全自有知识产权的两系香型不育系，每年科研投入 200 余万元，新配组合3 000余个。公司科研战略发展方向是浓香型优质水稻的超级化、普及化。2020 年公司主要经营株两优 15、两优华晶占、桃湘优莉晶、荣优 18、瑜晶优 50、板仓粳糯等水稻品种，金香油 9 号、金香油 11 号、中常油 1 号等油菜品种，实现种子销售 80 万千克，销售收入3 000万元。公司制种基地主要分布在福建、江西、湖南、海南，2020 年制种面积4 000余亩，生产种子 60 万千克。

# 湖南志和种业科技股份有限公司

法定代表人：李生花

湖南志和种业科技股份有限公司2017年3月1日登记成立，注册资本3 000万元，是一家以水稻种子科研、生产、销售为主的现代化农业企业。公司总部位于长沙芙蓉区隆平高科技园内，在怀化溆浦建立了拥有加工生产线、标准冷库的现代化制种基地，基地总面积2 030亩。公司高度重视科研工作，先后建立长沙关山、海南三亚、四川崇州三个科研基地，共105亩，与陈良碧博士导师、邓兴旺院士、武小金博士、邓小林研究员、宋德明专家等国内育种专家有长期合作关系。

公司现有员工26人，拥有生产经营许可证B证，累计申请原农业部植物新品种保护权17项，其中志优金丝、蓉18优2348曾获得湖南双新展示明星品种，桃湘优莉晶及蓉8优2348曾获得中国长沙种业博览会主办的“美味大米”铜奖，贵州“绿博黔楠”杯优质稻米金奖，公司销售区域覆盖整个长江流域及华南稻区共计16个省市，共计客户1 000余人。

公司下设综合、财务、科研、仓储、质检、营销等六个部门，以优质杂交水稻的生产营销为主业，形成了公司自有的流程和规模。公司拥有水稻品种12个（含合作3个），玉米品种1个。

# 湖南广阔天地科技有限公司

法定代表人：张婷婷

湖南广阔天地科技有限公司成立于2004年12月。公司最初是由原湖南省农业厅科教中心、湖南省杂交水稻研究中心、郴州仙农种业有限公司及“杂交水稻之父”袁隆平院士等自然人共同发起成立的有限责任公司。近年来通过股份制改造，建立了现代企业制度，完善了管理方式和运营机制，公司得到快速发展。公司现有员工35人，都具有大学以上学历，其中硕士研究生1人，有较为丰富的技术推广、项目实施经验。公司从省内高校和科研院所长期聘用知名专家教授及高级农艺师、研究员等18人，组建了农业专家团队，特聘著名水稻育种家陈立云教授为公司技术顾问。

公司为生产销售杂交水稻种子、常规水稻种子类B证、C证企业，是最早推广两系超级稻的单位之一，专营品种Y两优7号是湖南省杂交水稻研究中心研究开发并授权本公司独占经营推广的两系超级稻中稻组合，是国家农业科技成果转化资金项目立项支持的品种。2015年Y两优837、深两优876通过湖南省审定，2016年Y两优16号通过江西省审定，深两优876在福建引种成功。2019年深两优837通过国家审定。公司以规范的种子生产程序、精良的种子加工手段、健全的种子质量体系和稳定的种子销售网络，每年生产两系杂交稻种子100多万千克，深受客户和农民喜爱。

公司设有科研品管部、生产仓储部、市场营销部、项目部、财务部、办公室等部门，主要利用区域总经销商在当地种子市场的分销能力与终端促销能力来拓展市场并开展种子销售工作，销售人员实施对市场的管理与培育指导，协助区域经销商开拓二级经销网络，扩大市场覆盖率。公司还开展了农业技术咨询服务、土壤治理与修复服务、农业技术服务等业务。

# 湖南潭农花园种业有限公司

法定代表人：谢添喜

湖南潭农花园种业有限公司成立于2003年，是湘潭市农业科学研究所的下属企业，2015年经湘潭市人民政府国有资产监督管理委员会批复，进行脱钩改制、重新组建的种子企业。公司共有员工25人，其中具有本科以上学历的16人、研究员2人、副研究员2人、高级农艺师6人、农艺师10人。公司注册地址为湖南省湘潭市雨湖区羊牯塘街道花园村花园居委会22栋，注册资本6 253万元，是湘潭市唯一一家集种子选育、生产、销售及农业技术服务于一体的种子企业。公司荣获湖南省高新技术企业、湘潭市农业产业化龙头企业，被多个部门评为诚信企业。

公司研发选育的水稻两系不育系潭农S，所配组合潭两优215，是一个早稻早熟组合。公司拥有水稻品种共15个，以早稻潭两优215、潭两优921、株两优706、湘丰优974为主，为国家稳定早稻面积、恢复双季稻作出了重大贡献。公司年销售量约100万千克，累计推广面积约1 000万亩，年销售收入约2 000万元，年研发投入100万元。在湖南湘潭、株洲、永州和江西宜黄、福建建宁等地繁育面积4 000亩，生产合格种子100万千克。

公司秉承“科技创新，服务三农”的理念，不断壮大科研力量，目前已选育出水稻不育系潭农S，该不育系早熟性好，分蘖力强，植株矮壮，穗大粒多，株叶型好，稻米品质优，配组优势强。所配组合有潭两优215、潭两优921等。

# 湖南常德丰裕种子有限公司

法定代表人：贺纯英

湖南常德丰裕种子有限公司成立于2005年，是一家专业生产、销售常规水稻种子（代理销售杂交水稻种子），专注水稻品种选育的种业公司。公司有2栋共14 000平方米的自主产权的种子仓库，有种子加工厂房530平方米、每小时可精选加工3吨的种子精选机2台、种子烘干机4台、晒坪1 800平方米、在建恒温库房500平方米。

公司有专业从事杂交水稻品种选育的技术人员3名，检验员2名，种子生产技术员2名。建有高标准的种子研发选育核心基地50亩，新品种筛选示范基地150亩，常年有稳定的常规稻种子生产基地1 500亩，每年生产常规稻种子在80万千克以上，销售常规稻种子50万千克以上，销售区域遍布湖南、江西、湖北3省。近几年，公司还承担省、市救灾备荒种子储备20万千克以上，代理销售杂交水稻种子30万千克左右。

目前公司已成功选育出一批米质优（带香型）、产量高、抗性好、出米率高的中、晚稻新品种，已成功育成优质不育系3个，能配组出一、二级优质米品种的高产、多抗强恢复系5个。公司与浙江勿忘农种业合作选育的杂交水稻新品种中浙优华湘占、深两优008、中浙优518、华两优238，均已通过国家审定，其米质均达到国家2级优质米标准。2021年已有华浙优518、裕两优218、华两优2号、裕两优113，分别进国家生产试验和省生产试验。

# 益阳市惠民种业科技有限公司

法定代表人：李力

益阳市惠民种业科技有限公司是一家专业从事常规水稻种子生产经营的企业，成立于2007年4月，注册资本3 000万元。公司通过产业延伸，积极从事水稻种植、农业生产服务、大米加工，目前已成为一家为农业生产提供产前、产中、产后综合服务的企业集团，是湖南省高新技术企业、益阳市农业产业化龙头企业。公司牵头打造运营的益阳市惠民种业星创天地在2018年被评为国家级星创天地。

公司拥有一个在农业技术、农机操作、市场运营、企业管理等领域具备较高水平的核心团队。公司现有员工39人，其中中高级职称专业技术人员7人、田间管理能手10余人。公司资产5 000多万元，拥有粮食储藏仓库面积4 000余平方米，办公楼1 415平方米。公司拥有200平方米的产品质量检测室，实现了产品出入库的全覆盖检测。公司现有优质种子生产基地3 780余亩，销售希贡牌种子的客户遍布湖南、江西、湖北等周边省份。

2020年公司销售湘早籼45号、湘早籼24号等水稻种子260万千克以上，营业额在1400万以上。公司通过下发种子，下游米业企业收购稻谷的方式，发展订单生产优质稻基地面积6万余亩。公司还与湖南省水稻研究所签订了独家授权许可，拥有板仓香糯、晚籼紫宝两个特色糯稻新品种的独家开发经营权。在2020年3月，水稻新品种——吉优粤占成功通过省级审定。

公司在益阳市赫山区龙光桥水稻品种试验示范基地有多个农业项目的实施，如湖南省重金属污染耕地VIP技术修复实验项目、优质水稻种子提纯复壮项目、水稻病虫专业化统防统治与绿色防控融合推进示范项目、洞庭湖区绿色高效农业科技成果试验示范核心展示项目、益阳市赫山区水稻生产全程机械化项目等。

# 湖南穗香大地农业科技股份有限公司

法定代表人：周坤炉

湖南穗香大地农业科技股份有限公司成立于2004年，是一家专注于优质、广适、香型杂交稻种子研发、生产、销售、服务的种业科技型企业。公司位于湖南省长沙市芙蓉区省农科院内，基地位于长沙县青山铺镇，占地面积20亩，建有标准检验室、标准化试验基地、现代化加工生产线等，在长沙、三亚等地建有科研试验基地。公司现有员工近30人，其中具有高级职称人员4人、本科生10人、大专以上学历人才占90%以上。公司是育繁推一体化B证、C证企业，累计申请农业部植物新品种权等知识产权10余项，获得授权3项。

公司首席科学家周坤炉研究员，是我国著名的杂交水稻专家，他选育成的三系杂交水稻亲本和强优组合，为中国杂交水稻作出了巨大贡献，其成果大田种植面积超过10亿亩。1995～1998年，周坤炉先后三次被聘为联合国粮农组织顾问；曾获湖南重大科技成果一等奖、二等奖、科技兴湘奖；是全国第一批有突出贡献中青年专家、湖南省优秀中青年专家、省劳动模范、全国先进工作者、全国五一劳动奖章获得者；当选中共十三大、十四大和十五大代表。

公司下设科研、生产、营销、内控等职能板块，形成了规模化、标准化、流程化的种业育繁推体系。2020年研发投入150万元，主要经营N两优6号、N两优8号、农香优204等杂交稻品种及优质常规稻等品种，销售种子200万千克，销售收入2 000万元；在湖南怀化、江苏沭阳、福建建宁等地繁育水稻等品种近万亩，生产合格种子200万千克。

# 湖南绿丰种业科技有限公司

法定代表人：邓成欢

湖南绿丰种业科技有限公司成立于2012年，是一家专注优质、高产杂交稻种子研发、生产、销售和服务于一体的国家高新技术企业。公司位于湖南省溆浦县县城，占地面积20亩，在溆浦县建有科研基地67亩，在海南陵水县建有科研基地16亩，在安徽、湖北、河南、四川、江西等地建有试验基地。公司现有员工17人，其中高级农艺师1人、硕士研究生2人、本科生5人、专科生4人。

公司是湖南省发证的B证企业，是湖南省农业产业化龙头企业。公司育种家舒均铁选育的Y两优1964被袁隆平院士选中为第四期超级稻攻关品种，在隆回县百亩攻关片平均亩产达到1 016千克。两优1876、邵两优007、绿两优1964、绿丰009S等一批新品种通过省和国家品种审定，销售范围覆盖长江流域，累计推广面积达850多万亩。公司储备了优质两系新不育系4个，优质、高产苗头新组合16个。

公司下设科研部、生产部、销售部、综合部，特别是在溆浦县建有优质制种基地4 500多亩。2020年研发投入270多万元，销售种子83万千克，销售收入3 200多万元。

# 湖南蓝天种业有限责任公司

法定代表人：左海球

湖南蓝天种业有限责任公司成立于2007年，是一家专注于水稻种子生产、加工、冷储、销售、服务于一体的企业。公司位于湖南省茶陵县三期工业园，占地25亩，仓库、办公楼、冷库、检验室、种子烘干加工等设施完备，在茶陵县城炎帝南路临街有两栋（5厢5层及4厢3层各一栋）占地500余平方米办公场所。在茶陵各乡镇长期流转用于种子生产的农田6 000余亩。现有员工27人，其中专业从事杂交水稻制种生产技术人员18人、高级农艺师3人。

公司近几年主要与湖南隆平种业有限公司等大型种子公司合作，每年生产杂交水稻种子50余万千克，常规稻种子100余万千克。

# 五、稻名文件



## 中华人民共和国农业部令

2012年第2号

《农业植物品种命名规定》已经2012年农业部第4次常务会议审议通过，现予公布，自2012年4月15日起施行。

部长　韩长赋

二〇一二年三月十四日

## 农业植物品种命名规定

第一条为规范农业植物品种命名，加强品种名称管理，保护育种者和种子生产者、经营者、使用者的合法权益，根据《中华人民共和国种子法》《中华人民共和国植物新品种保护条例》和《农业转基因生物安全管理条例》，制定本规定。

第二条申请农作物品种审定、农业植物新品种权和农业转基因生物安全评价的农业植物品种及其直接应用的亲本的命名，应当遵守本规定。

其他农业植物品种的命名，参照本规定执行。

第三条农业部负责全国农业植物品种名称的监督管理工作。

县级以上地方人民政府农业行政主管部门负责本行政区域内农业植物品种名称的监督管理工作。

第四条农业部建立农业植物品种名称检索系统，供品种命名、审查和查询使用。

第五条一个农业植物品种只能使用一个名称。

相同或者相近的农业植物属内的品种名称不得相同。

相近的农业植物属见附件。

第六条申请人应当书面保证所申请品种名称在农作物品种审定、农业植物新品种权和农业转基因生物安全评价中的一致性。

第七条相同或者相近植物属内的两个以上品种，以同一名称提出相关申请的，名称授予先申请的品种，后申请的应当重新命名；同日申请的，名称授予先完成培育的品种，后完成培育的应当重新命名。

第八条品种名称应当使用规范的汉字、英文字母、阿拉伯数字、罗马数字或其组合。品种名称不得超过 15 个字符。

第九条品种命名不得存在下列情形：

（一）仅以数字或者英文字母组成的；

（二）仅以一个汉字组成的；

（三）含有国家名称的全称、简称或者缩写的，但存在其他含义且不易误导公众的除外；

（四）含有县级以上行政区划的地名或者公众知晓的其他国内外地名的，但地名简称、地名具有其他含义的除外；

（五）与政府间国际组织或者其他国际国内知名组织名称相同或者近似的，但经该组织同意或者不易误导公众的除外；

（六）容易对植物品种的特征、特性或者育种者身份等引起误解的，但惯用的杂交水稻品种命名除外；

（七）夸大宣传的；

（八）与他人驰名商标、同类注册商标的名称相同或者近似，未经商标权人同意的；

（九）含有杂交、回交、突变、芽变、花培等植物遗传育种术语的；

（十）违反国家法律法规、社会公德或者带有歧视性的；

（十一）不适宜作为品种名称的或者容易引起误解的其他情形。

第十条有下列情形之一的，属于容易对植物品种的特征、特性引起误解的情形：

（一）易使公众误认为该品种具有某种特性或特征，但该品种不具备该特性或特征的；

（二）易使公众误认为只有该品种具有某种特性或特征，但同属或者同种内的其他品种同样具有该特性或特征的；

（三）易使公众误认为该品种来源于另一品种或者与另一品种有关，实际并不具有联系的；

（四）其他容易对植物品种的特征、特性引起误解的情形。

第十一条有下列情形之一的，属于容易对育种者身份引起误解的情形：

（一）品种名称中含有另一知名育种者名称的；

（二）品种名称与另一已经使用的知名系列品种名称近似的；

（三）其他容易对育种者身份引起误解的情形。

第十二条有下列情形之一的，视为品种名称相同：

（一）读音或者字义不同但文字相同的；

（二）仅以名称中数字后有无“号”字区别的；

（三）其他视为品种名称相同的情形。

第十三条品种的中文名称译成英文时，应当逐字音译，每个汉字音译的第一个字母应当大写。

品种的外文名称译成中文时，应当优先采用音译；音译名称与已知品种重复的，采用意译；意译仍有重复的，应当另行命名。

第十四条农业植物品种名称不符合本规定的，申请人应当在指定的期限内予以修改。逾期未修改或者修改后仍不符合规定的，驳回该申请。

第十五条申请农作物品种审定、农业植物新品种权和农业转基因生物安全评价的农业植物品种，在公告前应当在农业部网站公示，公示期为15个工作日。省级审定的农作物品种在公告前，应当由省级人民政府农业行政主管部门将品种名称等信息报农业部公示。

农业部对公示期间提出的异议进行审查，并将异议处理结果通知异议人和申请人。

第十六条公告后的品种名称不得擅自更改。确需更改的，报原审批单位审批。

第十七条销售农业植物种子，未使用公告品种名称的，由县级以上人民政府农业行政主管部门按照《种子法》第五十九条的规定处罚。

第十八条申请人以同一品种申请农作物品种审定、农业植物新品种权和农业转基因生物安全评价过程中，通过欺骗、贿赂等不正当手段获取多个品种名称的，除由审批机关撤销相应的农作物品种审定、农业植物新品种权、农业转基因生物安全评价证书外，三年内不再受理该申请人相应申请。

第十九条本规定施行前已取得品种名称的农业植物品种，可以继续使用其名称。对有多个名称的在用品种，由农业部组织品种名称清理并重新公告。

本规定施行前已受理但尚未批准的农作物品种审定、农业植物新品种权和农业转基因生物安全评价申请，其品种名称不符合本规定要求的，申请人应当在指定期限内重新命名。

第二十条本规定自 2012 年 4 月 15 日起施行。

# 国务院办公厅关于加强农业种质资源保护与利用的意见

国办发〔2019〕56号

各省、自治区、直辖市人民政府，国务院各部委、各直属机构：

农业种质资源是保障国家粮食安全与重要农产品供给的战略性资源，是农业科技原始创新与现代种业发展的物质基础。近年来，我国农业种质资源保护与利用工作取得积极成效，但仍存在丧失风险加大、保护责任主体不清、开发利用不足等问题。为加强农业种质资源保护与利用工作，经国务院同意，现提出如下意见。

一、总体要求。以习近平新时代中国特色社会主义思想为指导，全面贯彻党的十九大和十九届二中、三中、四中全会精神，落实新发展理念，以农业供给侧结构性改革为主线，进一步明确农业种质资源保护的基础性、公益性定位，坚持保护优先、高效利用、政府主导、多元参与的原则，创新体制机制，强化责任落实、科技支撑和法治保障，构建多层次收集保护、多元化开发利用和多渠道政策支持的新格局，为建设现代种业强国、保障国家粮食安全、实施乡村振兴战略奠定坚实基础。力争到2035年，建成系统完整、科学高效的农业种质资源保护与利用体系，资源保存总量位居世界前列，珍稀、濒危、特有资源得到有效收集和保护，资源深度鉴定评价和综合开发利用水平显著提升，资源创新利用达到国际先进水平。

二、开展系统收集保护，实现应保尽保。开展农业种质资源（主要包括作物、畜禽、水产、农业微生物种质资源）全面普查、系统调查与抢救性收集，加快查清农业种质资源家底，全面完成第三次全国农作物种质资源普查与收集行动，加大珍稀、濒危、特有资源与特色地方品种收集力度，确保资源不丧失。加强农业种质资源国际交流，推动与农业种质资源富集的国家和地区合作，建立农业种质资源便利通关机制，提高通关效率。对引进的农业种质资源定期开展检疫性病虫害分类分级风险评估，加强种质资源安全管理。完善农业种质资源分类分级保护名录，开展农业种质资源中长期安全保存，统筹布局种质资源长期库、复份库、中期库，分类布局保种场、保护区、种质圃，分区布局综合性、专业性基因库，实行农业种质资源活体原位保护与异地集中保存。加强种质资源活力与遗传完整性监测，及时繁殖与更新复壮，强化新技术应用。新建、改扩建一批农业种质资源库（场、区、圃），加快国家作物种质长期库新库、国家海洋渔业生物种质资源库建设，启动国家畜禽基因库建设。

三、强化鉴定评价，提高利用效率。以优势科研院所、高等院校为依托，搭建专业化、智能化资源鉴定评价与基因发掘平台，建立全国统筹、分工协作的农业种质资源鉴定评价体系。深化重要经济性状形成机制、群体协同进化规律、基因组结构和功能多样性等研究，加快高通量鉴定、等位基因规模化发掘等技术应用。开展种质资源表型与基因型精准鉴定评价，深度发掘优异种质、优异基因，构建分子指纹图谱库，强化育种创新基础。公益性农业种质资源保护单位要按照相关职责定位要求，做好种质资源基本性状鉴定、信息发布及分发等服务工作。

四、建立健全保护体系，提升保护能力。健全国家农业种质资源保护体系，实施国家和省级两级管理，建立国家统筹、分级负责、有机衔接的保护机制。农业农村部和省级农业农村部门分别确定国家和省级农业种质资源保护单位，并相应组织开展农业种质资源登记，实行统一身份信息管理。鼓励支持企业、科研院所、高等院校、社会组织和个人等登记其保存的农业种质资源。积极探索创新组织管理和实施机制，推行政府购买服务，鼓励企业、社会组织承担农业种质资源保护任务。农业种质资源保护单位要落实主体责任、健全管理制度、强化措施保障。加强农业种质资源保护基础理论、关键核心技术研究，强化科技支撑。充分整合利用现有资源，构建全国统一的农业种质资源大数据平台，推进数字化动态监测、信息化监督管理。

五、推进开发利用，提升种业竞争力。组织实施优异种质资源创制与应用行动，完善创新技术体系，规模化创制突破性新种质，推进良种重大科研联合攻关。深入推进种业科研人才与科研成果权益改革，鼓励农业种质资源保护单位开展资源创新和技术服务，建立国家农业种质资源共享利用交易平台，支持创新种质上市公开交易、作价到企业投资入股。鼓励育繁推一体化企业开展种质资源收集、鉴定和创制，逐步成为种质创新利用的主体。鼓励支持地方品种申请地理标志产品保护和重要农业文化遗产，发展一批以特色地方品种开发为主的种业企业，推动资源优势转化为产业优势。

六、完善政策支持，强化基础保障。加强对农业种质资源保护工作的政策扶持。中央和地方有关部门可按规定通过现有资金渠道，统筹支持农业种质资源保护工作。地方政府在编制国土空间规划时，要合理安排新建、改扩建农业种质资源库（场、区、圃）用地，科学设置畜禽种质资源疫病防控缓冲区，不得擅自、超范围将畜禽、水产保种场划入禁养区，占用农业种质资源库（场、区、圃）的，需经原设立机关批准。现代种业提升工程、国家重点研发计划、国家科技重大专项等加大对农业种质资源保护工作的支持力度。健全财政支持的种质资源与信息汇交机制。对种质资源保护科技人员绩效工资给予适当倾斜，可在政策允许的项目中提取间接经费，在核定的总量内用于发放绩效工资。健全农业科技人才分类评价制度，对种质资源保护科技人员实行同行评价，收集保护、鉴定评价、分发共享等基础性工作可作为职称评定的依据。支持和鼓励科研院所、高等院校建设农业种质资源相关学科。

七、加强组织领导，落实管理责任。各省（自治区、直辖市）人民政府要切实督促落实省级主管部门的管理责任、市县政府的属地责任和农业种质资源保护单位的主体责任，将农业种质资源保护与利用工作纳入相关工作考核。省级以上农业农村、发展改革、科技、财政、生态环境等部门要联合制定农业种质资源保护与利用发展规划。审计机关要依法对农业种质资源保护与利用相关政策措施落实情况、资金管理使用情况进行审计监督。健全法规制度，加快制修订配套法规规章。按照国家有关规定，对在农业种质资源保护与利用工作中作出突出贡献的单位和个人给予表彰奖励。对不作为、乱作为造成资源流失、灭绝等严重后果的，依法依规追究有关单位和人员责任。农业农村部要加强工作指导和督促检查，重大情况及时报告国务院。

国务院办公厅

2019 年 12 月 30 日